平畦地膜大蒜

高垄地膜大蒜

室内冬季种蒜苗

大蒜外层型二次生长（背娃）

大蒜内层型二次生长

不同瓣重发根量差别

中拱棚韭菜

大棚2层覆盖韭菜

大棚3层覆盖韭菜

窄畦小拱棚韭菜

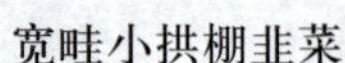

宽畦小拱棚韭菜

韭菜冬季“回秧”地上部状态

大蒜韭菜
无公害高效栽培

张绍文 孙守如 乔宝建 编著

金盾出版社

内 容 提 要

本书介绍了大蒜和韭菜无公害生产的概念和意义，无公害大蒜、韭菜的质量标准与质量认证，大蒜、韭菜无公害生产的环境条件，大蒜、韭菜无公害高效栽培技术，病虫害的无公害防治以及贮运、保鲜技术等。内容科学实用，通俗易懂，适合广大菜农、基层农业技术人员及农业院校有关专业师生阅读参考。

图书在版编目(CIP)数据

大蒜韭菜无公害高效栽培/张绍文等编著. —北京:金盾出版社，2003.6

(蔬菜无公害生产技术丛书)

ISBN 978-7-5082-2381-0

Ⅰ.大… Ⅱ.张… Ⅲ.①大蒜-蔬菜园艺-无污染技术②韭菜-蔬菜园艺-无污染技术 Ⅳ.S633

中国版本图书馆 CIP 数据核字(2003)第 023199 号

金盾出版社出版、总发行

北京太平路 5 号(地铁万寿路站往南)

邮政编码:100036 电话:68214039 83219215

传真:68276683 网址:www.jdcbs.cn

彩色印刷:北京百花彩印有限公司

黑白印刷:北京天宇星印刷厂

装订:北京天宇星印刷厂

各地新华书店经销

开本:850×1168 1/32 印张:6 彩页:4 字数:141 千字

2009 年 2 月第 1 版第 4 次印刷

印数:28001—38000 册 定价:8.50 元

序言

XUYAN

民以食为天,食以安为先。生产安全食用蔬菜等农产品是广大消费者的迫切愿望。随着人们生活水平的提高,环保意识和保健意识的增强,无公害蔬菜的生产和流通备受世人关注。无公害蔬菜生产既是保护农业生态环境、保障食物安全、不断提高人民物质生活质量的需要,同时又是提高我国蔬菜产品在国际市场上的竞争力,提高我国农业经济效益,增加农民收入,实现农业可持续发展的迫切需要。可以说大力发展无公害蔬菜生产,是社会经济发展、科学技术进步、人民生活富裕到一定阶段的必然要求。

为了解决农产品的质量安全问题,农业部从 2001 年开始在全国范围内组织实施了“无公害食品行动计划”。要实现无公害蔬菜产品的生产,就需对生产及流通过程进行全程质量控制。在对蔬菜产品实现全程质量控制中,首要的是实现生产过程的无公害质量监控。在种植无公害蔬菜时要选择良好的环境条件,防止大气、土壤、水质的污染,在不断提高菜农的生态意识、环保意识、安全意识的同时,还应开展无公害蔬菜生产的综合技术集成和关键技术的推广应用。这样,才能达到生产无公害蔬菜产品的基本要求。

为达到上述目的,金盾出版社策划出版了“蔬菜无公害生产技术丛书”。组成了以刘宜生研究员、王志源教授为首的编委会,约请了中国农业科学院、中国农业大学等单位有关专家和学者,根据他们的专业特点,将“丛书”分为 20 个分册,分别撰写了 33 种主要蔬菜的无公害高效栽培技术。“丛书”比较全面系统地向蔬菜生产者、经营者和管理者介绍了当前各种蔬菜进行无公害生产的最新成果、技术和信息,提出了如何根据国家制定的《无公害蔬菜环境质量标准》、《无公害蔬菜生产技术规程》、《无公害蔬菜质量标准》进行生产的具体措施。其内容包括：选用优良抗性品种，推广优质高效栽培技术，科学平衡施肥，实施病虫害的综合无公害防治，以及采收、贮藏和运输环节的关键措施和无公害管理等。因此，这套“丛书”既具有科学性和先进性，又具有实用性和可操作性。

我相信本“丛书”的出版，将使广大菜农、蔬菜产业的行政管理人员及技术推广人员都能从中获得新的农业科技知识和信息，对无公害蔬菜生产技术水平的提高起到指导作用。同时，也会在推动农业结构调整、促进农村经济增长等方面发挥积极作用，为建设小康社会做出有益的贡献。

中国工程院院士
中国园艺学会副理事长 方智远

2003年4月

前言

QIANYAN

随着社会的进步,经济的发展,人民对蔬菜的需求已经由量的企盼,进而转入对质的要求。优质才能高效,这是经济规律,更是市场法则。对人人需要,天天必吃的蔬菜来说,“以质论价、以个(株)标价”,走无公害生产的道路是今后市场的走向。面对当今催人奋进的经济发展和生活水平的不断提高,对广大人民来说,环境保护意识已成为人们的共识,保健意识的增强,回归自然、享受无公害的绿色食品已成为社会发展的一种总体趋势。人们希望吃到无毒、无有害残留物质的“放心菜”的呼声愈来愈高。当今蔬菜市场经济最大的特点是质量经济。只有紧跟市场,按无公害、标准化要求种植,才能与市场衔接。特别是在加入世贸组织(WTO)后,对我国这样一个泱泱大国的蔬菜业来说是个极好的机遇。可以充分发挥自身的劳力优势,投入到蔬菜业,进而转化为在国际市场上的价格竞争优势。然而,如果产品质量达不到要求,在国际市场上无竞争力,这种优势也将荡然无存了,这就是挑战。面对国内市场要求和国际市场剧烈的竞争,今后我们要狠抓产品的质量。质量的核心:一是产品的无公害;二是产品的标准化。只要抓住这两个关键,再加上我国蔬菜的价格优势,在国际市场的竞争中完全可以争得一席之地,在国内市场上也可立于不败之地。

大蒜和韭菜是我国人民传统的喜食蔬菜,尤其是大蒜,人们把它称为健康食品,在国际上需求量很大。因此,搞好无公害、标准化生产,对开拓市场、保证人民身体健康、增加农民收入有极其重要的意义。

本书重点介绍:无公害蔬菜生产的概念和意义,大蒜、韭菜无公害生产应具备的环境条件，即空气质量、灌溉水和土壤条件要求及有机肥料的无公害化处理、合理施用；大蒜、韭菜的无公害生产技术、产品质量标准以及病虫害无公害防治，农药、化肥的科学合理使用等。

尽管本人从事蔬菜教学、科研、生产多年，但无公害生产对我来说仍是个新课题，因此，在写作中是一边学习，一边联系生产实际，力求内容能贴近生产实际，让生产者从思想上能充分认识到无公害生产的重要性，在具体生产中又具备一定的可操作性。由于自己水平的局限性，书中难免会出现一些不妥之处，恳请广大读者批评指正。

本书在编写过程中参考与引用了有关著作，如《菜田土壤与施肥》（葛晓光）、《大蒜高产栽培》（陆帼一）、《无公害蔬菜生产实用技术》（龚惠启）、《出口大蒜高效生产技术》（王昆、茆训东）、《韭菜优良品种与栽培技术》（马树彬、聂玉霞），以及杂志、报刊上发表的有关资料，在此一并表示谢意。

编著者

2003 年 3 月

目录

MULU

第五章　韭菜无公害高效栽培

第六章　大蒜、韭菜病虫害无公害防治

第一章 大蒜、韭菜无公害生产的概念和意义

蔬菜是人们日常食用的主要副食品，与人们的健康息息相关。但是近些年由于环境质量的下降，在农业生产中化肥、农药、除草剂、激素等化学物质的大量使用，使蔬菜受到污染，质量大大下降，有些蔬菜内含有害物质超标，有的甚至严重超标，给人们的健康带来直接危害或潜在危害。如果这种局面再不能改变，国内市场难以接纳，国际市场无法拓展，产品丧失竞争力。从而给这一关系到千家万户农民的传统产业的发展带来巨大损失。因此，无公害蔬菜今后应该从农田到餐桌全程质量监控，用 8 ~ 10 年时间，在全国基本实现蔬菜产品生产和消费无公害化。

为了尽快提高我国农产品的安全性和在国际市场上的竞争力，2001 年农业部启动了“无公害食品行动计划”，并着重提出了无公害蔬菜的概念，即指生产地环境、生产过程、最终的产品质量，符合国家或行业的无公害蔬菜的标准。并经过检测机构检测合格，批准使用无公害蔬菜标识的初级农产品。产品标准、环境标准和生产资料使用标准为强制性的国家及行业标准。生产操作规程为推荐性行业标准。要求产品安全。无公害蔬菜产品中有毒、有害重金属(汞、铅、砷、铬、镉、铜、锌、锰等)、农药残留量、硝酸盐含量等各项指标均符合我国的食品卫生标准。而且产品具备安全、营养、优质的内在质量。

绿色象征着回归自然，因此，人们习惯把与环境保护有关的事物通常冠以“绿色”，为的是更加突出这类食品出自良好的生态环境。绿色蔬菜是无公害蔬菜的更高一级，它是无污染的安全、优质、营养类蔬菜的总称。所谓安全是指蔬菜本身不含有对人体健

康有害、有毒的物质，或将其控制在安全标准以下，对人们的健康不会带来任何危害。优质是指蔬菜的形体、颜色、品味、整洁度、包装等能反映出该产品固有的优良特性，并符合市场要求。营养丰富指产品所含对人们健康相关的营养成分及含量，如蛋白质、维生素、纤维素、矿物质的含量以及糖酸比等适口性。经专门机构认定，许可使用绿色食品标志的无污染的安全、优质、营养类蔬菜。绿色蔬菜分为A级和AA级，一般生产A级蔬菜的环境质量及对农药残留量的限量标准，要严于无公害蔬菜的标准；AA级等同有机蔬菜，除严格要求生产地的环境质量外，还特别强调生产过程中不允许使用任何化肥、农药、激素、除草剂。A级指生产地的环境质量（空气、土壤、地下水源等）完全符合国家规定标准，生产过程中允许限量使用限定的化学合成物质，符合以上两条的可称为绿色食品。A级绿色蔬菜在生产过程中允许限量使用限定的化学合成物质，是指可用磷、钾及适当的氮素化肥，但禁止施用硝酸盐化肥；化学合成农药可选定一些毒性不大、残效期短的有关部门指定的方可使用。一般生产A级蔬菜的环境质量及对农药残留的限量标准，要严于无公害蔬菜的标准。

农业部公布的“无公害食品行动计划”实施意见中指出：力争用五年时间，基本上实现食用农产品无公害生产，保证消费安全。蔬菜、水果、食用菌等鲜活农产品无公害生产基地的环境质量达到国家规定标准；大中城市的批发市场、大型农贸市场和连锁超市的鲜活农产品质量、安全、卫生合格率达95%以上，从根本上解决食用农产品急性中毒问题。

大蒜和韭菜是我国人民传统的食用蔬菜，尤其大蒜是我国出口换汇的主要农产品。目前大蒜被公认为健康食品，需求量与日俱增，市场广阔、前景喜人，如果不严格控制污染，人们赋予它健康食品的称号也易毁掉。然而近十余年来，菜田面积不断扩大，有机肥量不足；人均占地少，轮作倒茬困难；保护地面积不断扩大，已成为病虫害日益猖獗的主要根源。面对这种局面,生产者把化肥作为种地的主要肥源,不加选择的使用农药,并且任意加大使用浓度、增加喷药次数、喷药后不按规定的安全间隔期采收等。所有这一切都给蔬菜带来严重污染,直接危害人体健康。尤其值得提出的是在大蒜、韭菜生产中有个别人利用剧毒农药灌根防蛆害,使产品受到严重污染,以致发生出口大蒜检验不合格,食用韭菜发生中毒。由郑州市农业局每日在报纸上公布的各大蔬菜批发市场检测结果来看,在各类蔬菜中农药超标率韭菜所占比例最高,被禁售焚毁的蔬菜中韭菜占首位。因此,对蔬菜产品提出了从农田到餐桌的全面质量监控是非常必要的。然而就目前的生产水平,完全拒绝农药化肥的使用也是不现实的。尤其是在病虫害发生日益严重的情况下,不使用农药防治就会大量减产甚至完全绝收。所以,所谓无公害蔬菜,实际是指蔬菜中不含有某些规定的有毒、有害物质,或将其控制在允许的范围内,即蔬菜中农药、硝酸盐含量不超标,工业废水、废气、废渣中的有害物质在蔬菜中不超标,病原微生物不超标。它的意义就在于,一是使人们能吃到安全放心菜,保证身体健康,提高生活质量。二是使我国的蔬菜在国际市场上除具有价格优势外,在质量上也具有一定的竞争力,使这一劳动密集型产业得到更大的发展空间,菜农从中得到更大利益。

第二章 无公害大蒜、韭菜的质量标准与质量认证

一、无公害大蒜、韭菜的质量标准

质量标准是评价产品质量的技术依据，也是组织产品生产、加工、质量检验、分等定价、选购验收、洽淡贸易的技术准则。

（一）无公害大蒜的质量标准

1. 蒜薹的质量分级标准 蒜薹质量分级标准为中华人民共和国国家标准。该标准适用于鲜蒜薹的收购、调运、贮藏、销售及出口。蒜薹按其质地鲜嫩、粗细长短、成熟度等分为特级、一级、二级。各级规格须符合规定(表 2-1)。

表 2-1 蒜薹等级规格要求

等 级	规 格	限 度
特 级	1. 质地脆嫩，色泽鲜绿，成熟适度，不萎缩糠心，去两端保留嫩茎，整齐均匀	每批样品不合格率不得超过 1%(以重量计)
	2. 无虫害、损伤、划薹、杂质、病斑、畸形、霉烂等现象	
	3. 蒜薹嫩茎粗细均匀，长度 30～45 厘米	
	4. 扎成 0.1 千克或 1 千克的小捆	

续表 2-1

等级	规格	限度
一级	1.质地脆嫩,色泽鲜绿,成熟适度,不萎缩糠心,薹茎基部无老化。薹苞绿色,不膨大,不坏死,允许顶尖稍有黄色	每批样品不合格率不得超过10%(以重量计)
	2.无明显病虫害、损伤、斑点、划薹、畸形、腐烂等现象	
	3.薹茎粗细均匀,长度≥30厘米	
	4.扎成0.5~1千克的小捆	
二级	1.质地脆嫩,色泽淡绿,不脱水萎缩,薹茎基部无老化。薹苞稍大,允许顶尖发黄或干枯,但不开散	每批样品不合格率不得超过10%(以重量计)
	2.无严重病虫害、斑点、损伤、腐烂、杂质等现象	
	3.薹茎长度≥20厘米	
	4.扎成0.5~1千克的小捆	

2.蒜头的质量分级标准 蒜头的质量分级标准为地方标准(表2-2)。

表 2-2 蒜头质量分级标准

等级	规格质量
一级	蒜头干燥,只形完整,无畸形,色白净,无泥,无须根,无刀伤,无霉蒂,无霉斑,无虫蛀,无散瓣,无僵瓣,无瘪瓣,无百合瓣,去净杂质,留薹梗长度不超过2.5厘米,蒜头横径在3.5厘米以上
二级	蒜头干燥,色白无泥,无根须,无刀伤,无瘪蒜,无僵瓣,无百合瓣,去净杂质,略有霉蒂,无散瓣,留蒜梗长度不超过2.5厘米,蒜头横径在2.5厘米以上
三级	蒜头干燥,色白无泥,无根须,无刀伤,无瘪蒜,无散瓣,无百合瓣,留蒜梗长度不超过2.5厘米,蒜头横径在2.5厘米以下
散瓣	蒜瓣干燥,色白无泥,无僵瓣,不霉不烂

注:以上等级中必须剔除僵蒜、烂蒜、杂质

(二)无公害韭菜的质量标准

1. **感官要求**　感官要求应符合表2-3的规定（中华人民共和国农业行业标准NY 5001—2001)。

表2-3　无公害韭菜感官要求

<table>
<tr><td rowspan="11">品质要求</td><td>品　种</td><td>同一品种</td></tr>
<tr><td>整齐度</td><td>>80%</td></tr>
<tr><td>韭　薹</td><td><50毫米</td></tr>
<tr><td>枯　梢</td><td><2毫米</td></tr>
<tr><td>整　修</td><td>符合整修要求</td></tr>
<tr><td>鲜　嫩</td><td>符合鲜嫩要求</td></tr>
<tr><td>异　味</td><td>无</td></tr>
<tr><td>冻　害</td><td>无</td></tr>
<tr><td>病虫害</td><td>无</td></tr>
<tr><td>机械伤</td><td>无</td></tr>
<tr><td>腐　烂</td><td>无</td></tr>
<tr><td rowspan="3">规　格</td><td>长</td><td>株长>300毫米</td></tr>
<tr><td>中</td><td>株长200～300毫米</td></tr>
<tr><td>短</td><td>株长<200毫米</td></tr>
<tr><td colspan="2">限　度</td><td>每批样品中感官要求总不合格品百分率不得超过10%，其中枯梢不得超过0.5%</td></tr>
</table>

注:腐烂、病虫害为主要缺陷

2. **卫生标准**　卫生要求应符合表2-4的规定(中华人民共和国农业行业标准NY 5001—2001)。

表 2-4　无公害韭菜卫生指标

序号	农药名称	指标(毫克/千克)
1	六六六(BHC)	≤0.2
2	滴滴涕(DDT)	≤0.1
3	毒死蜱(chlorpyrifos)	≤ 1
4	马拉硫磷(malathion)	不得检出
5	敌敌畏(dichlorvos)	≤0.2
6	乐果(dimethoate)	≤1
7	乙酰甲胺磷(acephate)	≤0.2
8	辛硫磷(phoxim)	≤0.05
9	杀螟硫磷(fenitrothion)	≤0.5
10	喹硫磷(quinalphos)	≤0.2
11	敌百虫(trichlorfon)	≤0.1
12	氯氰菊酯(cypermethrin)	≤1
13	溴氰菊酯(deltamethrin)	≤0.5
14	氰戊菊酯(fenvalerate)	≤0.5
15	百菌清(chlorothalonil)	≤1
16	砷(以 As 计)	≤0.5
17	铅(以 Pb 计)	≤0.2
18	汞(以 Hg 计)	≤0.01
19	镉(以 Cd 计)	≤0.05
20	氟(以 F 计)	≤0.5
21	亚硝酸盐	≤4

注:1. 出口产品按进口国的要求检测

2. 根据《中华人民共和国农药管理条例》,剧毒和高毒农药不得在蔬菜生产中使用,不得检出

二、无公害大蒜、韭菜质量认证

为加强无公害大蒜、韭菜的规范化管理，维护其产品信誉，保护消费者身体健康，促进无公害大蒜、韭菜规模化生产，确保其产品标准化加工、包装和质量安全，需要对无公害大蒜、韭菜进行申报和认定。

凡具备无公害大蒜、韭菜生产条件的单位或个人，均可通过当地有关部门向省级无公害农产品管理办公室申请无公害农产品标志和证书。申请者按要求填写无公害农产品申请书、申请单位或个人基本情况及生产情况调查表、产品注册商标文本复印件及当地农业环境保护监测机构出具的初审合格证书。

省级无公害农产品管理部门，在认为申报基本条件合乎要求后，委托省级农业环境保护监测机构对大蒜、韭菜产品质量及产地环境条件进行检测，出具环境条件和产品质量评价报告。

省级无公害农产品管理部门根据评价报告和上报材料进行终审。终审合格的，由省级无公害农产品管理部门颁发无公害农产品认证证书，并向社会公告。同时，与生产者签订《无公害农产品标志使用协议书》，授权企业或个人使用无公害农产品标识。

无公害农产品标志和认证证书有效期为3年。期满需要继续使用的，应当在有效期满90日前按照《无公害农产品标志管理办法》规定的无公害农产品认证程序，重新办理。

使用无公害农产品标志的单位或个人，必须严格履行《无公害农产品标志使用协议书》，并接受环境和质量检测部门进行的定期抽检。

取得无公害农产品标志的生产单位和个人，应在产品说明或包装上标注无公害农产品标志、批准文号、产地、生产单位等。标志上的字迹应清晰、完整、准确。

第三章 大蒜、韭菜无公害生产应具备的环境条件

生产大蒜、韭菜无公害产品的基地环境条件,首先必须达到无公害标准的要求,即生产地的各项环境指标必须在规定的范围之内。

无公害生产基地的选择应包括以下 3 部分:一是基地周边 3 千米以内无工矿企业、医院等污染源。大气环境质量、农田灌溉水质、土壤环境质量符合无公害农产品产地的环境质量标准。二是大蒜、韭菜的产地应该集中连片,而且应该选在生态条件最适宜其生长的区域。三是要求基地有机肥充足,最好与养殖业相结合。土壤肥沃,具备较好的排灌条件。同时,对基地环境要进行环境监测与评价。还要进行经常性的环境监测与管理。严格按照《农产品基地环境管理办法》的有关规定,防止农业环境污染,保护和改善农田生态环境。

凡灌溉水包括净菜处理洗涤水不符合要求;土壤六六六、滴滴涕农药超标,或农田中曾大量施用过城镇垃圾的都不宜作为大蒜、韭菜的生产田。从总体要求来看,基地应该建在远离工业区、人口密集的生活区和医院等污染源 3 千米以外的地方。在一些有水源的浅山丘陵区建基地最为理想。当前一些人建基地时有重视交通、忽视环境的倾向。我们经常可以看到在公路主干道两旁密布菜田,看起来整齐壮观。这些菜田的开辟,从便利运输无可非议,从无公害蔬菜生产来看实不可取。公路上扬起的灰尘对蔬菜污染,更为严重的是频繁过往的汽车,汽油燃烧后通过排气管排出的尾气中含有铅粉尘及其气体化合物,迅速沿公路两侧向外扩散,形成污染带。车流量越大,公路两侧的空气、农田、水质遭污染也愈

严重,在无铅或低铅汽油尚未普及以前,这种"路边农业"中的蔬菜是最大受污染者。在市场准入制度尚不完善的情况下,广大消费者就成为最大受害者。铅属于对人体健康有害的重金属(无公害蔬菜中允许限量指标为 0.2 毫克/千克)。据研究,人体摄入铅的总量中,以食物形式摄入量约占 2/3 以上。经常食用含铅量高的蔬菜会引起记忆力衰退、痴呆、智力发育受阻、脸色灰暗、出现过早衰老等病症。因此,在选择无公害蔬菜生产基地时要远离高速公路和车流量大的主干道,这一原则在规划基地时一定要作为首要条件来考虑。对已经形成的老基地,首先通过有关部门进行环境质量监测,根据监测结果,采取综合治理。各地在环境治理上要采取果断措施。如限制排污,对污染环境严重的厂矿要关停或限期治理,达标后方可继续生产。其次在查明基地的空气、土壤、水质中是否含有重金属或其他有害物质的基础上再采取相应措施,如果有,要查清种类。根据不同蔬菜对有害的重金属元素的吸收量的差异,如果不适宜种大蒜、韭菜可改种其他作物。第三,重金属在酸性环境中易活化,偏酸性土壤中可以通过施加石灰、钙镁磷肥、草木灰等碱性物质来加以调节土壤 pH 值呈中性,抑制重金属活化,从而达到控制蔬菜对重金属的吸收。第四,还可通过多施有机肥增强土壤的结构性,可有效地降低蔬菜对重金属的吸收。第五,在公路两侧营造宽带防护林网,以减少重金属、有害气体、烟尘的扩散污染。

一、土壤条件

大蒜属于浅根系作物,而且对外观质量(皮色、光洁度等)要求严格。因此,大蒜生产地要求土质疏松、肥沃,灌水、排水系统完善。韭菜属多年生作物,一次种植连续收获多年,要求土壤具有较强的保肥保水能力,肥水供应要充足。因此,在基地建设时应该抓住以下几个方面。

(一)不同土壤的识别及评价

大蒜和韭菜自身的生产潜力很大,要想让这种潜力充分表现出来,除气候、肥水条件外,其立地条件——土壤也起着非常重要的作用。从各地的经验来看,选择结构良好的土壤是优质丰产的关键。不同地方土壤质地相差很大,即使同一乡(镇)、村,不同的地块土质之间也有差别,甚至差别很大。因此,学会用简单的方法识别不同的土质(表 3-1),了解它们的特性(表 3-2),包括物理性状(通气透水性、适耕性等)、化学性状(肥力状况、酸碱度等)非常必要。另外,更重要的是对那些性状不良的土壤,应如何加以改造和有针对性地进行科学管理,做到心中有数,有的放矢。轻壤和中壤是种植韭菜和大蒜较理想的土壤,通透性好适宜根系发展,尤其是可以提高大蒜外皮的光洁亮度。这种土壤疏松便于收获,即使成熟季节遇雨,因排水性好,不易积水造成蒜皮变黑、腐烂而散瓣。轻壤和中壤肥力虽属于一般,但通过培肥可使土壤肥力逐步提高,最重要一点是砂粘适中,有利于耕作整地。多年生的韭菜因根系的再生能力强,除轻壤和中壤为理想的种植土壤外,对其他质地的土壤也有较强的适应性。因此,利用土壤首先要对不同土壤的质地能够从外观上加以认识和区别,了解土壤的特性,更重要的在于为合理施肥提供依据。现将我国分布面积较广的 6 种土壤从质地特点上加以区分,具体方法见表 3-1。

表 3-1 不同土壤质地简易鉴定法

土壤性质	肉眼识别	干捻法	湿捻法
沙 土	全是单颗砂粒	松散的砂粒放在手中,砂粒会从手缝中自动流下	不能捻成球

续表 3-1

土壤性质	肉眼识别	干捻法	湿捻法
砂　壤	以砂粒为主有少数细土粒	有松脆的土块，压之即碎，也有不少单砂粒存在，感觉粗糙	能捻成 0.5 厘米的小球，但易碎。并能搓成 2 厘米的短条
轻　壤	砂多，细土占 20%～30%	有土块，稍捻即碎，捻时有砂粒感觉	能捻成球，并能搓成 2 厘米粗的细条，但用手轻提即断
中　壤	砂粒少，粘粒增多	土块较硬，难捻碎，碎后有面粉状细腻感	能搓成细长条，但将其弯曲成直径 2 厘米的圆圈时易断
重　壤	几乎看不到砂粒，粘粒比例大，干时土块坚硬	土块硬，很难捻碎。土块棱角明显，感到硌手	能将细条弯成圆圈、半圆圈，压扁时有裂缝
粘　土	看不到砂粒，全为粘土粒，干时土块坚硬。因氧化铁胶膜呈红色	土块用手捻不碎，锤击也不会呈粉末	能将细条弯成圆圈，将圆圈压扁时无裂缝，并有粘土光泽

表 3-2　菜田土壤评价

评价	种菜评价	质地	熟土层厚度（厘米）	有机质含量（%）	全氮（%）	全磷（%）	速效钾（毫克/千克）	总空隙度（%）通气孔隙（%）	蚯蚓粪粒及程度
优	最宜	轻壤	>50	>2.5	>0.15	>0.3	>180	>50（>15）	强、全剖面有
良	宜	中壤	40～50	20～25	0.12～0.15	0.25～0.3	150～180	>55（10～15）	表土、心土有

续表 3-2

评价	种菜评价	质地	熟土层厚度（厘米）	有机质含量（%）	全氮（%）	全磷（%）	速效钾（毫克/千克）	总空隙度（%）通气孔隙（%）	蚯蚓粪粒及程度
中	可	砂壤	30～40	1.5～2	0.1～0.12	0.2～0.25	125～150	50～55（10～15）	弱、表土有
差	差	重壤	15～30	1～1.5	0.03～0.1	0.15～0.2	100～125	45～50（<10）	极弱、表土有
劣	不宜	沙土	<15	<1	<0.03	<0.15	<100	<45（<10）	全剖面无

据表 3-2 对菜田土壤的评价，轻壤和中壤是较为理想的，其余 3 种土壤可根据各自的特性，通过合理施用有机肥等方法加以改良后仍然是理想的土壤。随着国家经济建设的不断发展，老菜田被占，在大批新菜田不断开辟的情况下，如果不认真培肥地力，盲目地扩种，将是劳而无功的。尤其在新辟菜田上建保护设施进行蔬菜生产，设施投入大。如若不能大量施入有机肥改善土壤条件、增加土壤肥力，最终的结果将是得不偿失的。

（二）土壤退化及其危害

近十余年来不断发现一些菜田即使管理精细，施肥不少，产量却不高。所种的蔬菜甚至会出现一些不良的生理症状，使种植者往往感到茫然不知所措。这种由土壤所带来的危害称为土壤退化，各地均有发生，在保护地连作的情况下发生更为普遍。

高度熟化的优质园土称为油土，它的形成绝非一日之功。新开辟的菜田由生土—熟土—油土，需要通过十余年精心的培育。在这个变化过程中，肥力是逐步向着有利于作物生长需要的方向发展的。如果我们不注意培养，一味地进行掠夺式的耕种，一旦地力下降，土壤退化，不仅影响生产，而且会造成土地资源的极大浪费。因此，有效控制土壤退化，实现农业可持续发展，是当前生产中的一个重要问题。土地的优化需要一定的时间来培养，而退化也有个时间过程，如果我们不了解这个过程，土壤退化在作物上已经反应出来，说明土壤的生态环境已经失调，自身的平衡已经遭到破坏，生产力下降，给生产已经带来损失，就会后悔莫及，但为时已晚。因此，要防患于未然，种地要想着养地，种养结合是防止土壤退化的根本所在。

土壤退化首先表现在生产不稳定上。不论种什么蔬菜都生长不良，生育障碍频繁出现，这种土壤一般都有致命的要害，如缺乏某些生长必需的营养元素，土壤受到农药、除草剂等有害物质的污染，土壤严重的酸化、次生盐渍化等。出现这种情况的面积一般不会很大，可能是局部的，甚至是个别的，但造成的损失很大。因此，出现问题首先要找出原因，对症下药确定解决办法。另一种情况是在正常环境下所种蔬菜无异常现象，当环境条件一旦发生变化，如干旱、雨涝、施肥不当等，生长就会出现不良，产量下降，这是土壤自身调控能力下降，也是退化的一种具体表现，容易被人们所忽视。土壤退化对蔬菜生长发育的影响，通常表现在以下几个方面。

1. 营养生长过旺，经济产量下降 这种情况对以收获果实为主的蔬菜，因生长和结果失去平衡，造成秧子过大，产量很低，出现明显的旺长现象。

2. 对水分空气的调节能力下降 退化的土壤结构性遭到破坏，持水性、透气性和协调性都差。旱天易干，雨天易受涝积水。

3. 缺素危害 在退化的土壤上往往会出现钙、镁、硼、钼等元素的缺乏。一种可能是土壤本身含量少。另一种可能是土壤 pH 值、水分、气体、养分等的不适，影响根系的正常吸收，这种情况较为普遍。

土壤退化好似人的免疫力下降一样，适应性降低，当环境条件稍一变动，很快在蔬菜上表现出来。在生产中，当一种症状在蔬菜上经常出现，且集中连片时，首先应该考虑的是土壤正在或已经发生退化。要及时通过测试、分析找出原因加以解决。

（三）菜田被重金属污染所带来的危害

造成菜田重金属污染主要有砷、汞、铅、铬、镉、氟等。若长期食用这些重金属超标蔬菜，就会使人慢性中毒并出现一些病症。这些超标蔬菜若长期用于喂养家畜、家禽则影响养殖业发展。造成土壤内重金属超标污染的原因主要有以下几个原因：①菜田长期用工业废水浇地。菜田附近长期受工厂排出的有害烟尘、废渣危害。②长年使用未经任何处理的城市生活垃圾、污泥、污水做肥料或浇地。③菜田过量使用磷素化肥。因为生产磷肥的磷矿石中常含有上述有害重金属，或多或少地会混杂在磷肥中，若长期大量使用会使土壤中有害物质量增加。

当菜田长期被重金属污染后，菜田中所种的蔬菜受到二次污染，体内有害物质超标，达不到无公害要求。因此，无公害蔬菜生产基地，一定要建立在不受污染源影响，或污染物限制在允许范围内，生态环境良好的农业区。无公害大蒜、韭菜生产基地土壤重金属含量应符合表3-3的规定。

表3-3 土壤环境质量要求

项 目	指 标		
	pH＜6.5	pH 6.5～7.5	pH＞7.5
汞（毫克/千克）≤	0.25	0.3	0.35
砷（毫克/千克）≤	40	30	25
铅（毫克/千克）≤	250	300	350
镉（毫克/千克）≤	0.3	0.3	0.6
铬（毫克/千克）≤	150	200	250

注：本表所列含量限值适用于阳离子交换量＞5cmol/kg的土壤，若≤5cmol/kg，其标准值为表内数值的半数

二、肥料的科学选用及无公害化处理

合理施肥是在作物不同生育期对养分的要求和外界环境条件相结合当作一个整体来考虑。盲目施肥(尤其是化肥),不但对作物生长有害,还会造成极大的浪费。一般新鲜植株含有75%～95%的水分、5%～25%的干物质。将新鲜植株中的水分烘干,剩下的干物质绝大部分是有机化合物,占干物重的95%,其余5%为无机化合物。干物质部分经加热燃烧后,其中有机物质被氧化分解,并以气体形式逸出。经测定,以气体逸出的主要成分是碳、氢、氧、氮4种元素。残留下来的无机物称为灰分,灰分包括磷、钾、钙、镁、锌、铁、锰、硼、铜、钼、硫、氯等,连同碳、氮、氢、氧共16种元素。这些营养元素对作物来说需要量虽差别很大,但都是必需的,具有不可替代性,缺少就会产生生理障碍出现缺素症状。因此,对作物生长具有直接效果。在这16种元素中,碳和氧是从空气中取得的,氢主要来自于空气和水。氮(豆科作物可从空气中固定少量)和其他元素都是从土壤中获取的。氮、磷、钾是作物需要量大,收获后从土壤中带走最多的3种元素。因此,收完一茬作物后要及时对土壤进行补充(施肥)才能满足下茬作物的需求。如果底肥量不足,作物生长的关键期(生长高峰期)还要及时追肥以满足需要,所以,氮、磷、钾被称为肥料三要素,是生产中的施肥重点。只要有机肥施得比较充足,其他矿质元素一般是不会缺乏的。以大蒜为例,据刘文英等研究,每667平方米产量在1 614.3千克鲜蒜头的高产田,需吸收氮21千克、磷5千克、钾15千克。从土壤中吸收养分的数量,其中以氮为多,钾次之。可以大致按此比例配比,但实际施用量要比此值大。

大蒜、韭菜吸肥量随生长发育期的不同而有所差别。一般以蒜头急速膨大期和韭菜在温度、水分适宜时的快速生长期,尤其是前刀割后,肥料跟不上就会影响后刀的产量。只有及时追肥,把随着收获被带走的土壤养分及时给予补充才能保证产量,欲想高产需要“刀刀追肥”。大蒜属一次性收获蔬菜,蒜头膨大期虽需肥最多,若长叶发棵期肥料跟不上,营养体小,也难以长成大的蒜头。所以大蒜从发棵长秧开始逐渐加大追肥量,对于优质高产有非常大的作用。

然而,施入土壤中的大量肥料,有相当一部分随着浇水或降雨进入根量少的土壤底层造成浪费,并污染了地下水。还有相当一部分未被作物吸收利用,究其原因可能是供大于求,也可能是由于环境条件欠佳,影响了作物的吸收,剩余的这部分肥料是造成土壤盐渍化的主要原因。

作物吸收养分能力的强弱,一是与自身的生长发育时期和健壮程度有关。二是与环境条件有关。当温度、光照等条件进入作物生长最适时期时,再配合适宜水分,生长加快,土壤中微生物活动旺盛,肥料矿质化进程加快,作物吸收力增强,这时要根据土质、生长状况适时适量地予以追肥,防止脱肥早衰。所以,要想提高肥料的利用率,做到科学用肥,减少浪费,要看天(根据气候条件)、看地(根据土质状况)、看作物(根据不同生育时期),还要培育健壮植株,提高自身吸肥能力。

(一)有机肥的重要作用及无公害化处理

在无公害蔬菜生产中特别强调要建立以有机肥为主、化肥为辅的施肥原则。

1. 有机肥的作用 有机肥又称农家肥,包括的种类很多(表3-4)。如各种作物秸秆、落叶、河泥、绿肥、人粪尿、畜禽粪尿以及各种饼肥(油粕)等。这些多数来自动植物残体的有机物经过不同分解、转化过程产生的有机肥,含有作物生长所需的各种大量元素、微量元素及各种激素。所以施用这些肥料不仅能增加土壤中的有机质含量起到改良土壤作用，而且可以全面地供给作物所需的各种营养，这是任何化肥无法相比的。因此，任何试图以化肥来替代有机肥的做法都是错误的。

中国是个农业大国，有数千年的耕作经验。我国素有精耕细作和施用有机肥的传统习惯，并积累了丰富的经验。因此，有机农业至今仍然是我国农业的核心。所谓有机农业就是在种地的同时注重养地。重视施用有机肥料来达到既种地又养地，避免了土壤退化。这一传统的耕作习惯一直延续至今，并得到国外农业专家的赞赏。

20世纪化肥问世后，由于其速效、体积小、便于运输和施用，立刻得到人们普遍的青睐，有人曾想用化肥来代替有机肥料，走无机农业之路，结果未能行得通。日本20世纪30年代，作物所需的氮素营养70%～80%是从有机肥中获取的，到1949年改为大量施用化肥，作物所需的氮素营养95%是从化肥中获取，只经过短短的3～4年，问题就开始出现了，土壤退化，生产力大幅度下降，产品品质变差，环境和产品受到污染，最终又回到了以有机肥为主的老路上来。

有机肥料是农业之母，在农业生产中是任何物质都不能替代的。它的作用可以概括为以下几个方面。

(1)为作物提供多种所需营养　因为有机肥料源于自然，作物生长所需的16种营养元素它都具备，所以施用有机肥不会出现缺素症。但这些有机物必须经过微生物的分解，才能转化为作物可吸收、利用的状态。有机肥料还有能促进微生物的繁殖活动，释放出二氧化碳及在分解有机物中形成的一些对作物生长必需的维生素、酶类、酸类及生长素等。使作物能获取到更加全面的营养。

(2)后效期长　有机物经微生物慢慢分解，因此，养分是逐步释放的，所以它属于缓性肥，不会“烧根”，肥效长，后劲大。

(3)可减少养分被固定，提高了肥效　有机肥料中的腐植酸与土壤中的一些无机盐结合在一起，减少了营养元素与土壤发生的化学反应而被固定。另外，有机肥料在分解过程中产生的各种有机酸和碳酸，可以促进土壤中一些难溶性磷酸盐转化，提高磷的可利用率。

(4)改善土壤理化性质，提高土壤肥力水平　土壤中有机质经腐殖化过程形成腐殖质，将细小的土粒粘结成多孔的团粒，形成保肥、保水、透气性强的结构性土壤。减少了水肥的流失，增强了供肥能力。

(5)改善作物根际营养　有机肥中含有大量微生物，因此，施肥后也等于施入大量分解养分的微生物，为根系提供可利用状态的营养。另外，大量有益微生物存在于作物根系周围，对有害的病原微生物起到了杀灭或抑制作用，从而减少了土传病害的发生。

菜田土壤培肥是件重要而又复杂的事情。人人都知它的重要性，但又易被人们所忽视，究其原因一是怕费工、费事；二是只知种地，缺乏养地思想。要广辟肥源，收集家畜、家禽粪尿等经无公害沤制处理后施用，通过大量施用有机肥，提高土壤有机质含量，改善土壤的结构性，在提高综合肥力的基础上，还要保证一定的产量，为此，应该有机肥与化肥配合施用，既培养地力，也保证产量，当前利益与长远利益并重。作物秸秆沤制还田，对提高土壤有机质含量具有其他有机肥难以相比的作用。因此，不可任意焚烧、丢弃，以防污染环境又浪费资源。施肥还要结合深耕，深度一般不能少于20厘米，以扩大根群的吸肥面积，更有利于肥料的利用。

化肥是蔬菜的速效肥源，是一般有机肥难以替代的，关键是如何合理使用。重施化肥尤其是氮素化肥，不注意配方施肥，不考虑土质状况及所种蔬菜的需肥特点和规律，过量地、盲目地，图省工、省事，单一地施用化肥，是当前蔬菜生产中普遍存在的比较突出的问题。这种做法是造成养分流失，污染水源，引起土壤退化及环境、蔬菜被污染的主要原因，这种做法更是无公害蔬菜生产中不允许的。

表 3-4　主要有机肥(风干重)养分含量比较　(%)

种　类	有机质	氮(N)	磷(P_2O_5)	钾(K_2O)
人　粪	20.00	1.00	0.50	0.37
人　尿	3.00	0.50	0.13	0.19
猪　粪	15.00	0.60	0.40	0.44
猪　尿	2.80	0.30	0.12	1.00
马　粪	21.00	0.58	0.30	0.24
马　尿	7.10	1.20	0.01	1.50
鸡　粪	25.50	1.63	1.54	0.85
牛　粪	14.50	0.32	0.25	0.16
羊　粪	31.40	0.65	0.47	0.23
芝麻饼	77.60	5.80	3.00	1.30
豆　饼	83.40	7.00	1.32	2.13
秸秆(一般堆肥)	15.00~25.00	0.40~0.50	0.18~0.26	0.45~0.67
秸秆(高温堆肥)	24.10~41.80	1.05~2.00	0.30~0.82	0.47~2.53
小麦秸秆灰	—	—	6.40	13.80
草木灰	—	—	3.50	10.00

2. 未经腐熟的有机肥对环境和产品的污染　人、畜禽粪尿是主要的有机肥之一，由于其养分含量较高、较全面，合理施用对蔬菜的优质高产、培肥土壤具有重要意义，但因含有大量病原微生物和某些有毒、有害物质，若不进行无公害化处理，随意施入田中就会污染土壤、水质和产品，给环境和人体健康带来不利的影响。作物的秸秆等植株残体中也常常带有大量的虫卵、越冬越夏虫体、病菌的菌丝、孢子等，若不进行无公害化处理，做肥料施入土壤就会成为下季蔬菜生虫、发病的隐患。尤其在大力推行无公害化栽培

中，对所施用的各类有机肥一定要先沤制，进行无公害化处理后才能施用。未经沤制无公害化处理的有机肥可能造成对环境和产品的污染，可归纳为以下两个方面。

(1)化学污染　菜田施用未经处理或处理不当的人、畜禽粪尿，特别是在追肥施用的情况下，会对大气、土壤、蔬菜产生恶臭和有机物污染。这种难闻的臭味存在于人、畜禽粪尿中，并在腐解过程中不断产生，一般是由硫化物、氮化物、脂肪族化合物等多种对人体有害的化合物混合而成，国外早已把恶臭列为污染环境的公害之一来对待。

(2)生物污染　未经沤制无公害化处理的有机肥中含有多种对人、对蔬菜有害的微生物。加之人粪尿中含有大肠杆菌、沙门氏菌、痢疾杆菌、伤寒杆菌、霍乱杆菌、肝炎病毒、胃肠炎病菌、脊髓灰质炎病毒等病原微生物和钩虫、蛲虫、蛔虫、鞭虫、绦虫等寄生虫虫卵。这些病原生物在土壤中存活时间较长，如痢疾杆菌可存活22～142天、蛔虫卵可存活315～420天。如果人、畜禽的粪尿未经无公害化沤制处理直接施用，对土壤、地下水源和产品的污染是可想而知的，尤其是作为追肥直接泼撒在菜棵上或随浇水冲入畦内，使这些有害病菌和虫卵直接附着在蔬菜上，严重危害了人体的健康。在国外许多国家，人粪尿是禁止做肥料上地的。

蔬菜拉秧后的残株败叶也是造成生物污染的重要根源。目前重茬地病虫害严重，这是可以理解的。但有些非重茬地，甚至从未种过蔬菜的地块，当年种植病虫危害就很重，究其原因与其所用有机肥有关。近几年，大蒜、韭菜的根蛆，其他蔬菜的根结线虫病、枯萎病、疫病、根腐病、病毒病等危害猖獗，这些病虫多附着在病株的残株败叶上，一般拉秧后应彻底清出田园对病残株进行焚烧。有些直接翻入土层内，将成为下季蔬菜病虫害再侵染的根源，从而增加了农药使用次数，使产品和环境受到污染。这种生物污染虽是间接的，但它对人体的健康和对环境的影响也是很大的。

3. 有机肥的无公害化处理 有机肥施用前必须先行无公害化处理(堆积腐熟),一般沤制是用作物秸秆、树叶、杂草以及家畜、家禽粪及各种饼肥等作为主要肥源。在沤制的腐熟过程中,是通过多种微生物对有机物进行矿质化(分解)和腐殖化(合成)的过程。通过堆制可以使有机物中复杂的养分被分解成简单的状态,供作物吸收利用。同时,对堆肥材料中的一些病菌、虫卵、害虫、杂草种子等也可借助发酵中产生的高温杀灭之。因此,堆肥是微生物对有机质的分解和合成的过程,又是一个无公害化的处理过程。

堆制后由于堆内的水分、温度、气体、养分等条件适宜,一些微生物首先分解堆肥中水溶性有机物质,从中获得养分和能量后迅速繁殖,并开始分解蛋白质和部分半纤维素、纤维素,同时放出氨、二氧化碳和大量热量,使堆内温度升高至50℃甚至更高,并继续分解复杂物质——半纤维素和纤维素。同时开始进行腐殖质的合成。堆内高温维持一段时间后,由于大部分有机质被分解,剩下一些难分解物质,这时微生物活动减弱,产热量减少,堆温下降,堆中残留下的未分解物质,继续被分解,同时堆中有机物质大量转化为腐殖质。随着堆温的下降,进入后熟保肥阶段,应将堆压实、泥封或加土覆盖造成嫌气状态,以减少养分损失。

总的来说,我们可以把堆肥中温度的变化分为4个阶段,第一阶段为发热阶段,这一阶段以中温好气性微生物活动为主。微生物迅速增殖,堆温上升很快在数日内就可达到近50℃~60℃,在好气条件下,迅速分解为水溶性有机物。第二阶段为高温阶段。堆温继续上升,原中温微生物逐渐被高温微生物所代替,其中好气性的纤维分解菌占据了优势。除继续分解有机质外,主要进行复杂物质——半纤维素、纤维素的分解,并开始腐殖化过程(腐殖质的合成)。同时有害的病原微生物、寄生虫卵及草籽等在50℃~60℃的高温下维持7~10天都足以被杀灭。在沤制无公害化处理过程中,各种有机质材料会吸收相当一部分由恶臭物质组成的化合物。故高温无公害化堆肥是当前处理人、畜禽粪尿及各种秸秆、残株、落叶的一项最经济、简便、有效的技术措施。在第二阶段要防止堆温过高、干燥缺水。通常可以采取加水或压紧的办法来控制堆温。第三阶段为保温阶段。指高温期过后堆温降至50℃以下,高温性微生物活动力减弱,中温性微生物活动再次加强,继续分解剩余的、难分解的纤维素、半纤维素和木质素。同时把堆肥中的有机物大量转化为腐殖质,腐殖化过程占据优势。一般来说,通过以上3个阶段,腐熟的目的已经达到,可以施用。在气温高、土质松,尤其是对生长期较长的作物,可以用半腐熟的肥料;在气温低、土质粘重以及生长期短的作物可以用完全腐熟的肥料。如果为了得到腐熟化程度较高的肥料,此时可进行一次翻堆,酌情加些水或稀薄的粪尿重新堆积以促进进一步的完全腐熟。第四阶段为后熟保肥阶段。通过前3个阶段,堆肥中的有机物质大部分已被分解,堆温下降,本该施入土壤,但由于种种原因暂时还不用,这时要把堆压实、堆上封泥,造成嫌气环境保存已形成的腐殖质和各种养分不致损失。

普通堆肥是在嫌气条件下堆积腐熟而成。堆内温度变幅小,一般在25℃~35℃,腐熟时间在3~4个月。高温堆肥是在有充足的氮源条件下,维持较高的堆温使肥料尽快沤成。方式有以下两种:

(1)地面式　这种方式适宜夏季。选择地势平坦接近水源的田头,堆积时先把地面平整夯实,铺上10~15厘米厚的细土或草,以便吸收下渗的肥液。随后将秸秆、杂草等原料均匀平铺一层,厚20~25厘米,上泼一些人粪尿或家畜粪、污水等,再撒10厘米厚的细土,可用抓钩掺和。如此一层层堆积,可堆1米高、1米宽,长度不限,最后用稀泥糊住。1个月左右翻捣1次,加水再堆,夏季2个月,冬季3~4个月即可腐熟。

(2)地下式　农家院内经常采用的一种形式。先挖1个1米深的坑，大小不限，将秸秆、垃圾、污水等杂物陆续倒入坑内，日积月累，层层堆积，直至与地面相平。底层已大部分腐熟后起出，上下翻动后继续在地面堆积。坑内再另外加料。

不论哪种方式，为了增加微生物数量，提高堆温和分解速度，加速沤制进程，可在堆中加些骡马粪，也可在新堆中加20%老堆肥和1%过磷酸钙及2%碳铵或1%尿素液，也可泼些人粪尿等增加氮源，加速微生物繁殖和活动，加快腐熟进程。

经过腐熟的有机肥施用时，粗肥随犁普施做基肥，细肥开沟、开穴施入做追肥。另外，要深施盖土，尤其在保护地生产中，在封闭条件下，施的过浅或表面施用，最易让肥料挥发出的氨气熏叶甚至整株死亡。

对于生产中普遍施用的鸡粪、羊粪、猪粪、牛粪等高质量的精细有机肥，在施用前也需先堆积腐熟，最好是和麦秸或细土掺和共同堆积，可以减少肥分的损失。如若单独堆积腐熟，尤其在夏天整个堆要用薄膜包裹，以防苍蝇产卵下蛆，使肥分流失，也影响环境卫生。

堆内温度的高低与堆积所用的材料有关，如秸秆、杂草、垃圾等为材料，其中含氮源较低，微生物繁殖量小，温度难以提高，因此，在堆制时要加入一些粪尿，甚至氮素化肥。对于质量较高的精细有机肥因自身氮素含量高，微生物增殖快，活动旺盛，堆内温度可提升至50℃～60℃。有机肥卫生标准见表3-5。

表3-5 有机肥卫生标准

项　目		卫生标准及要求
高温堆肥	堆肥温度	最高堆温达60℃～66℃，持续6～7天
	蛔虫卵死亡率	96%～100%

续表 3-5

项　目		卫生标准及要求
	粪大肠菌值	10^{-1} ~ 10^{-2}
	苍　蝇	有效地控制苍蝇孳生，堆肥周围没有活蛆、蛹或新羽化的成蝇
沼气发酵肥	密封贮存期	30 天以上
	高温沼气发酵温度	63℃ ± 2℃，持续 2 天
	寄生虫卵沉降率	96% 以上
	血吸虫卵和钩虫卵	在使用的粪液中不得检出活的血吸虫卵和钩虫卵
	粪大肠菌值	普通沼气发酵 10^{-4}，高温沼气发酵 10^{-1} ~ 10^{-2}
	蚊子苍蝇	有效控制蚊蝇孳生 粪液中无孑孓。池周围无活蛆、蛹或新羽化的成蝇
	沼气池残液	经无公害化处理后方可用作农肥

(二)化肥的种类和合理施用

我国化学肥料的生产和利用都是从氮肥开始的。1905 年首先从国外进口氮素化肥硫酸铵(俗称肥田粉)，使用范围只限于沿海省份的少数作物，后来逐步推广到内地。建国以后，我国化肥工业得到迅速发展，氮肥生产占有绝对优势。实践证明，现代高产农业对氮肥的依赖性很大。2000 年统计，世界氮肥生产量达 1 亿吨，我国农田氮肥需求量约为 1 800 万吨。

1. 常用化肥的特性和合理施用方法　我国化肥总产量(纯养分)1949 年为 0.6 万吨，到 1988 年达 1 740.2 万吨。近 40 年增加了2900倍。化肥发展如此迅猛,使用如此普遍,是因为它具有非常突出的优点,如体积小、施用方便、增产效果明显。尤其在作物关键生长时期施用效果更好。如春季温室、大棚等覆盖条件下种植的韭菜,当温度、光照等环境条件进入作物最佳生长时期,植株生长也进入生长盛期,如果在这关键时刻根据不同土质、配合浇水进行适量的分期追施化肥,尤如雪中送炭。由于化肥肥效来的快,通过分期适量追施,既可避免植株脱肥早衰,又可加快生长速度,产量自然会明显提高。另一优点是当植株封垄后,大量的有机肥已经难以施入,而化肥利用其体积小、能溶于水的特点可以顺水冲入,也可先撒于垄间,用锄轻轻埋入土中,隔天再浇水,这种施法肥料分布均匀。露地生产的韭菜、大蒜趁雨天撒施颗粒状化肥既省工又可达到均匀施肥目的。有些化肥如过磷酸钙如果在沤制有机肥时撒入堆内共同沤制,可以明显提高肥效。目前生产中常用的化肥有:

(1)尿素　尿素是目前我国生产量最大、施用量最多、最为普遍的氮素化肥。它含氮量高,俗称大氮肥。目前商品尿素呈颗粒状,散落性好,便于施用。易溶于水,在常温下1升水中可溶解1千克尿素。

尿素施入土壤后,以分子状态存在,还可以以分子状态被作物吸收,但数量很少。尿素分子与土壤中粘粒矿物质或腐殖质上的功能团以氢键的形式相结合,在很大程度上可以避免尿素在浇水后淋溶流失。另外,尿素在土壤中可以在尿素分解菌所分泌的脲酶作用下变为铵态氮,供作物吸收和土壤胶体吸附。土壤中大多数细菌、放线菌、真菌都能分泌脲酶,其转化过程如下:

$$CO(NH_2) + 2H_2O \xrightarrow{\text{脲酶}} (NH_4)_2CO_3$$

碳酸铵可以进一步加水分解产生碳酸氢铵和氢氧化铵:

$$(NH_4)_2CO_3 + H_2O \longrightarrow NH_4HCO_3 + NH_4OH$$

由于碳酸铵、碳酸氢铵、氢氧化铵都属于不稳定的化合物,易分解释放出氨。因此,尿素施在表层易引起氮素流失(以氨气形式挥发),还会熏坏叶片,甚至造成全株死亡,这种由于施用不当所引起的损失在保护地密闭环境中并不少见。所以施用尿素一定要开沟、挖穴,施在10厘米以下,封土踩实,防止氨气外逸。尿素转化的快慢取决于脲酶的活性。脲酶的活性又与土壤肥力的高低,水分含量、土壤温度等因素有关。土壤肥沃,水分、温度适宜转化就快,反之就慢。其中尤以温度的影响更为明显。在一般用量和施肥深度下,土壤温度为10℃时,需7~10天;20℃时需4~5天;30℃时2~3天,就能完全转化为铵态氮,供根系吸收和土壤胶粒上离子之间吸附交换,减少流失。尿素转化后在土壤中不残留副成分,故属于生理中性肥料。

在各类化肥中,尿素的施用方法较为多样化,概括如下。

①底肥　施用时同有机肥一起撒在地面,随即犁入土层中。根据土质、肥力的不同,一般667平方米用量20~30千克。

②追肥　根据土质不同和作物生育期的不同,一般离植株20厘米处开沟或开穴,深度10厘米,施后盖土封严,施的过深因下层脲酶活性太弱,尿素分解慢。浇水后使尿素进入土壤下层暂存起来,随着水分的上移,供给作物吸收。浇水量过大也会造成尿素进入地下水中流失,污染水源。趁雨天撒施尿素既省工,又能使肥料分布均匀。

③叶面喷肥(根外进肥)　尿素与其他氮肥相比,由于它不含有副成分、分子小、易溶于水且扩散性好等优点,因此,它最适宜做叶面追肥。尿素做叶面追肥,喷洒浓度一般为0.5%~0.7%。喷后5小时吸收40%~50%,最终吸收率可达90%。喷洒最好在傍晚进行,利用夜间露水溶解更利于叶片吸收。如果喷后叶面很快干燥,由于尿素有一定吸湿性,夜间回潮后仍可继续吸收。

尿素叶面喷施还可和农药、生长调节剂、微肥、磷钾化肥等混合配合使用，不影响效果。这里需要提出的是尿素最好不要做种肥。尤其是使用浓度掌握不好最易“烧根”，这种现象在营养钵育苗中经常见到。

(2)过磷酸钙　作物体中全磷(P_2O_5)含量占植株体干物重的0.2%～1.1%，大部分呈有机态存在，约占全磷量的85%。作物体内的核酸、核蛋白、磷脂和三磷酸腺苷都是含磷化合物，是细胞核和原生质的重要组成部分。在目前蔬菜生产中经常使用的是过磷酸钙，它含有游离酸，呈酸性反应，称为酸性肥料。并具吸湿性，在贮存、运输中要防雨淋和潮湿。

过磷酸钙利用率低，一般只有10%～25%，其主要原因是施入土壤后与土壤中的铁、钙、镁等元素形成难溶性的磷酸盐，产生化学固定，根系难以吸收。由于过磷酸钙在土壤中移动性小，且易被土壤固定，利用率低，施用时必须考虑既要减少它与土壤的接触面积，又要尽量增加它和作物根系的接触机会，以提高过磷酸钙的利用率。因此，在施用时应注意以下几个方面。

①集中施用　过磷酸钙可以做基肥、追肥和种肥。施用时一是要集中，开沟、开穴施入后封土，以减少与土壤的接触面积；二是施到根群集中的15～25厘米深的土层内，以克服因移动性小而造成的浪费。过磷酸钙做基肥每667平方米用量40～50千克。

②分层施肥　因磷肥移动性小，可在耕翻时随犁施入总量的2/3，剩余1/3在播种、栽苗时开沟施入。

③与有机肥混合沤制　沤制有机肥时加入磷肥混合，让磷肥被有机肥包裹着，可减少与土壤接触面积。另外有机肥分解时产生的各种酸具有络合铁、铝、钙等离子作用，使它们成为稳定的络合物，从而减少了对水溶性磷酸的固定。

④叶面喷肥　用0.7%～1%过磷酸钙(需用细布过滤后的浸出清液)喷洒叶片效果很好。

(3)钾肥　钾是作物的主要营养元素之一。作物生长发育需要大量的钾。作物吸收钾的数量一般和吸收氮的数量相近,有时还要多些。特别是在栽培优质高产的作物中,钾的及时供应更显得重要。

钾在作物体内虽不参予有机物的合成,但对促进酶的活性,增强光合作用,促进糖和蛋白质的合成都有重要作用。尤其是对于提高作物的抗旱性、抗寒性、增强细胞表皮厚度,促进细胞木栓化,阻止病原菌侵入(提高抗病性)等有明显作用。目前,生产中使用的大量钾素化肥是硫酸钾和氯化钾。草木灰中的钾主要以碳酸钾的形态存在,其次是硫酸钾和少量氯化钾。它们都是水溶性的钾,有效性高但易随水流失。高温燃烧时,由于燃烧完全,钾与硅形成溶解度很低的硅酸钾,同时草木灰中的含炭量减少,故颜色呈灰色。因此,灰色的草木灰中可溶性钾的含量比黑色的草木灰中要少,肥效也差。不同秸秆燃烧后含钾量差异很大。草木灰中还含有少量作物可以吸收的磷酸(P_2O_5)。草木灰是一种碱性肥料,故不能与铵态氮肥混合施用,也不应该与人粪尿、圈肥混合,以免引起氮素的挥发损失。在生产中,我们不断见到有人为了取得草木灰,把大量麦秸、稻草、玉米秆等秸秆烧掉,不但污染环境,还造成极大的浪费。因为燃烧使秸秆中的有机质及其他一些对作物生长所必需的大量元素、微量元素均已化为灰烬,所剩的只是一些钾元素及极少量的磷元素。正确的做法应该是把秸秆沤制成有机肥,不但其中的钾肥不损失,其他营养元素及有机质也可得到完好保存。积存草木灰主要依靠做饭、烧水燃火而积,为取得草木灰而单独燃烧柴草的做法实不可取。

钾素化肥可做基肥,也可做追肥。每 667 平方米用量 25 ~ 30 千克,追肥每次用量 7 ~ 10 千克。钾肥施入土壤后,钾呈离子状态,一部分被植物吸收,另一部分与土壤胶体上的阳离子进行交换,吸附在胶体上。

草木灰也可做基肥或追肥。做基肥每 667 平方米用量为

50～80千克，做追肥每667平方米每次30～40千克。追肥采用开沟(穴)集中施用。使用前可掺拌少量细湿土或喷湿，然后施用。也可按1千克草木灰加10～15升水(按1:10～15)浸泡1天，然后滤出清液，进行叶面追肥。

钾在作物体内流动性大，可以充分利用，因此，缺钾有较长的潜伏期，缺钾症状出现晚。若出现缺钾症状再施，为时已晚。另外，作物在生长前期就强烈吸收钾，因此，应当掌握"重施基肥，轻施追肥"的原则。

钾在土壤中移动性小，所以根系吸收首先取决于根量及其与土壤的接触面积。因此，钾肥应当深施，应施在根系集中、吸收力强的15～20厘米的土层内。

氮、磷、钾三元素在作物体内参与代谢的作用是相互促进、相互制约的。因此，作物对氮、磷、钾的吸收也是按比例进行的，也就是说钾肥的肥效与土壤中的氮、磷水平有关。当土壤中氮、磷水平低时，单施钾肥效果不佳。随氮、磷水平的提高，钾的增产作用才会明显。因此，根据作物对不同元素的需求量，进行配方施肥，既节省肥料，又促进吸收，是提高生产水平的一种科学施肥方法。

(4)复合肥　复合肥是指氮、磷、钾三元素(三元复合肥)、两元素(二元复合肥)或多种元素(三种元素以上称多元复合肥)的化肥。复合肥按其生产工艺或加工方式的不同可分为：化成复合肥、配成复合肥和混成复合肥三大类。化成复合肥是通过复杂的工艺过程和化学反应而制成，所形成的肥料为化合物，其性质稳定，养分含量和比例决定于生产流程中的化学反应及化合物的化学组成。产品中无副成分，可长期贮存。一般二元复合肥多属此类。如目前最受农民欢迎的磷酸铵、磷酸二氢钾等就属于化成复合肥。

复合肥的优点可以概括为以下几点，首先是含有两种以上养分，施一次能比较均衡地、长时间供给作物所需，节省了时间，提高了施肥效果。其次，复合肥多为颗粒状，吸湿性小，不易结块，便于贮运,施用方便。第三,复合肥中所含副成分少,对土壤和地下水污染少。如磷酸铵所含养分几乎都能被作物吸收利用。第四,复合肥养分含量高,这样在包装和运输过程中比单元素化肥成本相对要低,又因养分含量全,减少了施肥次数。它的不足之处是每一产品所含养分比例相对固定,这就很难符合不同土壤、每一种作物及不同生育期对养分种类和数量的要求。

从复合肥的发展趋势来看是向高浓度、多元素方向发展,即除含有作物所需的氮、磷、钾大量元素外,还添加一定量的微量元素及根据不同土壤、不同作物生产的专用复合肥,达到真正的平衡施肥目的。复合肥种类很多,性质各异,施用方法也不尽相同,目前在生产上应用最为普遍的有以下几种。

①磷酸铵　又称磷铵、二铵。属于二元复合肥。由氨中和浓磷酸而制成。由于氨中和的程度不同,可分别生成磷酸一铵、磷酸二铵、磷酸三铵。其中磷酸三铵在湿热条件下氨易挥发,很不稳定。磷酸铵实际上是磷酸一铵和磷酸二铵的混合物,性质稳定,有一定的吸湿性,在潮湿空气中也易分解使氨挥发,通常加防潮剂制成颗粒状。磷铵呈白色,铵易溶于水,对各种土壤和作物都能适应。可做基肥、追肥,也可做种肥(不要直接接触种子)。磷酸铵含磷量高达50%,是一种以磷为主的高浓度复合肥,合氮量偏低,应注意氮肥的补充。该肥料不能和草木灰、石灰等碱性物质混合,以防氨的挥发和降低磷的有效性。

②磷酸二氢钾　是硫酸钾(或氯化钾)加生石灰生成氢氧化钾,再用磷酸酸化而成。属于磷、钾二元复合肥,pH值3~4,吸湿性弱,价格较高,目前多配成0.1%~0.2%溶液进行叶面追肥。

③铵磷钾肥　是硫酸钾、硫酸铵和磷酸盐按不同比例混合而成的三元复合肥。也可由磷酸铵和钾盐制成。铵磷钾复合肥中各有效成分易被作物吸收,可做基肥、追肥。该复合肥中由于磷的含量所占比例较大,使用时可根据土壤特性、所种作物需肥特点适当

配合单元素氮、磷、钾化肥来调节氮、磷、钾比例。

④硝磷钾肥　硝磷钾肥是在混酸法制硝酸磷肥的基础上添加钾盐而制成的三元复合肥。硝磷钾肥中氮、钾都是水溶性的。

在选用复合肥时通过测土,根据土壤缺什么补什么的原则及所种作物的需肥特点,选择不同养分含量比例的复合肥。

复合肥产业近几年发展很快,品种在不断增多。可选择一些高效的三元(含微量元素)复合肥,以及有机—无机复合肥以适应不同土壤和不同作物的需求,不足部分可用单元素化肥来补充,以调节营养元素比例,使之适合作物需要。

常用的几种化肥的主要理化性状见表 3-6。

表 3-6　常用化肥主要理化性状

肥料类型		名　称	分子式	含量(%)	酸碱性	主要物理性状
氮肥	铵态氮肥	硫酸铵	$(NH_4)_2SO_4$	20～21	弱酸性	吸湿性弱
		氯化铵	NH_4Cl	24～25	弱酸性	吸湿性弱
		碳酸氢铵	NH_4HCO_3	17 左右	弱碱性	易潮解挥发
	硝态氮肥	硝酸铵	NH_4NO_3	34～35	弱酸性	吸湿性强、易结块
	尿素态氮肥	尿　素	$CO(NH_2)_2$	46	中　性	有吸湿性、可结块
磷　肥 水溶性磷肥		过磷酸钙	$Ca(H_2PO_4)_2 \cdot H_2O$	12～16	酸　性	有吸湿性、腐蚀性
		重过磷酸钙	$Ca(H_2PO_4) \cdot H_2O$	45 左右	弱酸性	有吸湿性、易结块
钾　肥 水溶性钾肥		硫酸钾	K_2SO_4	48～52	中　性	
		氯化钾	KCl	50～60	中　性	
		草木灰	K_2CO_3	6～25	碱　性	

续表 3-6

肥料类型		名称	分子式	含量(%)	酸碱性	主要物理性状
复合肥	氮磷复合肥	磷铵	$(NH_4)_2HPO_4$ + $NH_4H_2PO_4$	N:12~18 P_2O_5: 46~52	中性	有吸湿性
		硫磷铵	$(NH_4)_2HPO_4$ + $NH_4H_2PO_4$ + $(NH_4)_2SO_4$	N:16 P_2O_5:20	中性	有吸湿性
	磷钾复合肥	磷酸二氢钾	KH_2PO_4	P_2O_5:52.2 K_2O:34.5	中性	
	氮钾复合肥	硝酸钾	KNO_3	N:13 K_2O:46	中性	稍有吸湿性
	氮磷钾三元复合肥	氮磷钾		N:10 P_2O_5:10 K_2O:10	中性	

(5)微生物肥料　蔬菜是一种容易富集硝酸盐的植物性食品，其硝酸盐含量不但与蔬菜种类、品种有关，而且过量的氮肥用量和不正确的施肥方法也会加剧硝酸盐在植株体内的积累。硝酸盐在蔬菜体内积累对蔬菜本身无害，但食用后对人、畜有害。据测定，在人们日常饮食中，由蔬菜中摄取的硝酸盐高达 81.2%。为此，如何减少蔬菜中硝酸盐的含量是当前蔬菜生产中重要的问题。在蔬菜无公害化生产中提出尽量不用或少用化肥，尤其是氮素化肥，以减少对水质、产品的污染和土壤的退化。近年来，我国已用具有特殊功能的有益微生物制成多种微生物肥料，不但能缓和或减少农产品(尤其是蔬菜)中硝酸盐的污染，而且能改善农产品品质。为此，中国绿色食品发展中心已将微生物肥料列入生产绿色食品允许使用的肥料之一。微生物肥料是利用微生物的生命活动导致作物得到所需养分的一种制品。它本身不能代替肥料，但它可通

过自身的增殖、代谢活动，使所施的肥料增效、改善根系生长环境、抑制有害病菌、活化土壤中被固定的磷、钾等矿质营养，使之能被作物利用而达到增产、增收的作用。

目前使用的微生物肥料有微生物菌剂和复合微生物肥料两大类。前者包括：固氮菌、磷细菌、硅酸盐细菌、抗生菌菌剂、菌根菌菌剂、堆肥菌菌剂及发酵菌菌剂等。复合微生物肥料在生产中已开始应用。根据营养物质的不同可分为两大类：第一类为微生物和有机物质（如烘干鸡粪、羊粪等）复合。第二类为微生物与有机物质及无机化肥复合。还可根据不同作物和土质的要求进行选择性复配施用，以满足不同作物需求和改善土壤环境的作用。施用微生物肥料可降低蔬菜体内的硝酸盐含量，而且微生物肥料与尿素或有机肥配合施用，对降低蔬菜体内的硝酸盐含量有明显效果。另外，施用微生物肥料还能减少蔬菜体内对人体有害的重金属含量。

近几年，通过在多地多种蔬菜上试验证明：采用微生物肥料和化肥相配合施用，既能增产，又能减少化肥使用量，降低成本，还可提高品质和产量，降低蔬菜体内硝酸盐及重金属的含量，实为一举多得的好措施。另外，微生物肥料中的有益微生物的代谢产物还具有促进土壤团粒结构的形成，改善土壤物理性能的作用。

微生物肥料的生产成本低，不污染环境，合格的产品应保证含有足够的有效活菌数（一般菌剂每克含有有效活菌数 2×10^8 个，复合微生物肥料每克含有有效活菌数 2×10^7 个）。微生物肥料是一种活性生物肥料，易失效，产品中活菌数随着存放时间的延长、保存条件的变化逐步减少，效果下降。因此，要在有效期内使用，发现霉变或超过保存期均不宜再用。一般微生物肥料标明有效期为1～2年，但选用当年产品使用为好。微生物肥料不能让阳光直晒，防止紫外线杀死肥料中的微生物，因此，施后要及时翻入土中。也不能与杀菌剂混用。蔬菜育苗每667平方米苗床可用微生物菌剂2千克;定植田每667平方米用菌剂2千克与农家肥或化肥混匀做底肥或追肥使用。疏松、肥沃、湿润的土壤条件有利于微生物的增殖,可以充分发挥微生物肥料的良好作用。

2. 非合理性施肥带来的危害 一般情况下土壤胶体上吸附的阳离子与土壤溶液中的阳离子之间处于动态平衡之中。若施肥量过大,使土壤中的铵离子(NH_4^+)、钾离子(K^+)、钙离子(Ca^{2+})、硫酸根离子(SO_4^{2-})、氯离子(Cl^-)、硝酸根离子(NO_3^-)等盐分积聚过多,土壤溶液中离子浓度过大,即产生所谓的土壤次生盐渍化,对蔬菜的生长发育产生不利的影响。

生长在土壤溶液浓度过大或盐渍化土壤中的蔬菜,首先是因为根系受到高浓度土壤溶液的危害,生长不良,吸收受阻,其地上部表现为植株低矮,叶片发黑、发亮、新叶少、生长缓慢、节间短;根系变褐,严重时(尤其在缺水的状况下)白天萎蔫,夜间恢复,直至死亡。其次是生长在盐渍化土壤中的蔬菜吸收硝酸根离子量多,使蔬菜中硝酸盐的含量增加,从而导致蔬菜体内硝酸盐过量,危害人体健康。另外,盐渍化的土壤结构遭到破坏,易板结,地力下降,耕性变差。

肥料的施用量若大大超过蔬菜的吸收量,是造成土壤溶液浓度过大和土壤盐渍化的主要原因。特别是施用氮素化肥或钾素化肥,如氯化铵、硝酸铵、氯化钾、硫酸铵等,因施用后易溶于土壤溶液中,尤其是其中的阴离子更易使土壤溶液的浓度提高,对根系产生危害。

在缺水的情况下,盐渍化的土壤对植株的生长危害更大。在温室或大棚生产中,由于薄膜的遮挡,土壤遭雨水的淋溶少,再加上有些使用滴灌、渗灌,灌水量小,多余的盐分就易积聚在耕作层内,这也是保护地生产在施肥量大(尤其是化肥用量大)的情况下易产生土壤次生盐渍化的主要原因。在土壤砂性重或有机质含量低的情况下,土壤胶体吸附养分的能力差,阳离子代换量低,施入的肥料在土壤中离解后，大部分存在于土壤溶液中使浓度提高，造成土壤次生盐渍化。因此，少施化肥，多施有机肥(缓释性)增加土壤的结构性，增强缓冲作用，在防止土壤溶液度增高或产生土壤次生盐渍化中起着重要作用。

三、灌溉水质要求与节水灌溉

水分是蔬菜作物组织的重要组成部分，也是细胞生理活动的介质，植物组织、细胞、器官之间物质运输也依赖于水分的存在。这些生理活动需水并非完全用于自身消耗水分，参与光合作用的水分只不过占总需水量的1%左右。但是缺水却能严重地影响光合作用和生长发育。在土壤可利用水分耗尽之前，光合速率就已经受到严重影响。消耗主要用在叶片气孔的蒸腾中。由于叶片的蒸腾作用，才能形成水分拉力，根系才能从土壤中吸收水分的同时把营养物质输送到地上部。另外，蒸腾还有降低叶面温度的作用，当气温升高时，叶片表面温度也随之升高，尤其是叶片处于阳光直射的状况下，叶温常常可高达40℃以上，在这样不适宜高温下，叶片的代谢功能严重受阻。叶片可以通过向外大量地蒸腾水分使叶温下降，从而克服了由于高温给叶片生理功能所带来的不利影响。

根据试验，我国年平均降水量一般来说是可以满足各种蔬菜要求的，实际情况是由于降雨的过分集中，降水分布不匀造成作物需水与降雨不能协调配合，水分干湿不均给作物生长所带来的危害在生产中是经常出现的，所以，浇水就成为生产中头等重要的事情。尤其在人为控制条件下的保护地生产中，浇水显得更为重要。

大蒜、韭菜都属浅根性作物，根系不发达，吸水力弱，尤其是韭菜连续收割，耗水量大。因此，要想优质高产必须有充足的水分供给。

在保护地栽培中，作物一生所需水分绝大部分依靠浇水补给

(尤其是地下水深的地块)。根据推算,1 毫米降水在每 667 平方米地上为 666 千克,500 毫米即为 333 吨,如果生长一生浇 10 次水,每次浇水量为 33 吨,根据目前我们普遍采用的畦浇或沟浇方式,因为浇水量难以人为控制,前期苗小,不需要这么大的量,顺畦大水漫灌后,肥料大量顺水下渗流失,小苗被水冲得东倒西歪。尤其在冬春低温季节,水量大,地温长时间难以提高影响生长。另外,从生产投入来看也是极大的浪费。因此,大力倡导节水灌溉,是科学栽培减少水资源浪费、肥料流失、影响幼苗正常生长、降低田间湿度,减少病害发生和蔓延的一项重要措施。

我国是世界公认的贫水国家之一,人均拥有淡水量占世界人均值的 1/4。在目前,菜田灌溉的水渠还多为土渠,在灌溉过程中水的渗漏一般要达到灌溉用水量的 20% ~ 30%,有的甚至更高。据试验,一茬蔬菜在一个生长季节中,每 667 平方米需水 300 立方米,而采用节水灌溉方式,比常规的沟渠输水大水漫灌要节水 42% ~ 60%,还可保苗增产。节水灌溉方式上目前应提倡沟灌。幼苗期因苗小,需水量也少,采用距苗 20 ~ 30 厘米处开沟暗灌,灌后封沟,水量虽小但能满足要求。也避免了低温季节大量灌水后地温难以回升的弊端。进入生长盛期需水量加大,可采取满沟灌。沟灌的种植方式是植株长在垄上(15 ~ 20 厘米高),浇水在沟里,利用水分从两侧渗入土层来供给根系生长。它的优点是:便于控制水量,减少浪费;植株长在垄顶,基部通风透光好,湿度小,病害轻;浇水不直接接触植株的根茎部,减轻了由灌水而引发的土传病害的传播。尤其在暴雨后可以把过多积水顺沟排出,防止受涝。目前最为科学的节水灌溉方式为:

一是软管灌。利用内径 5 厘米的软管代替田间渠道。软管直接和水泵或水塔相连,并直接引入田间。这种灌水方式既节省了大量渠道的占地面积,又杜绝了渠道的水分渗漏,并加快了流水速度。真正达到了省时、省水、省地的目的。

二是喷灌。是利用地面临时铺设的简易移动式管道,并给予一定压力,通过喷头把水喷到低空,成为细小水滴降到田间的一种灌溉方式。这种灌溉方式近似降雨,滴滴入土滋润根群,并能起到冲洗叶面、果面上的尘埃及农药残留物的作用。

三是滴灌。滴灌是目前最为省工、省时、省水,易控制灌水量的一种先进灌水方式。它是通过低压灌水系统,使水通过设在植株行间细管上的滴孔,一滴滴地缓慢进入土层中,不会造成土壤板结,还可把化肥溶在施肥罐中与灌水同时进行。滴水管有两种,一种是厚度为 0.12 毫米的黑色塑料制成的直径 2.7 厘米的软带,带上的滴水孔可根据苗间距用烧红的针扎眼,当通过压力泵或水塔使水带内充满水后,水就从孔中溢出。这种卷带式滴灌带,每米只需 0.3 元,价格低,用后便于卷起存放。另一种是用直径 2 厘米聚乙烯软管制成,管上安装有可过滤水质装置的滴头或滴孔。这种滴灌应用较为普遍,造价高于前者。

四是渗灌。渗灌也是目前推行的一种先进灌水方式。它是通过埋入植株行间地下 16 厘米深,直径 2 厘米的渗水管,管壁上布满许多眼睛看不到的微小细孔,当连通低压灌水系统后,水就通过管壁上小孔渗入土中。若把化肥溶入水中,灌水与施肥可同时进行。

另外,地方病高发区不能作为无公害蔬菜生产基地;蔬菜的灌溉水、清洗水必须符合标准。菜田不能选在水质重金属(汞、铅、铜、砷、铬、镉等)背景值高的地区及不准使用未经处理的工业废水、生活污水等浇灌蔬菜。

灌溉水质量要求见表 3-7。

表 3-7 灌溉水质量要求

项 目		指 标
pH 值		5.5～8.5
化学需氧量(毫克/升)	≤	150
总汞(毫克/升)	≤	0.001
总镉(毫克/升)	≤	0.01
总砷(毫克/升)	≤	0.05
总铅(毫克/升)	≤	0.10
铬(六价)(毫克/升)	≤	0.10
氰化物(毫克/升)	≤	0.50
石油类(毫克/升)	≤	1.0
粪大肠菌群(个/升)	≤	40000

四、空气质量要求

无公害大蒜、韭菜生产基地周围的空气质量应该符合表 3-8 的要求。

表 3-8 环境空气质量要求

项 目		浓度限值	
		日平均	1 小时平均
总悬浮颗粒物(标准状态)(毫克/立方米)	≤	0.30	—
二氧化硫(标准状态)(毫克/立方米)	≤	0.25	0.70
氟化物 (标准状态)(微克/立方米)	≤	7	—

注:日平均指任何 1 日平均浓度,1 小时平均指任何 1 小时的平均浓度

第四章　大蒜无公害高效栽培

大蒜起源于亚洲中西部(包括巴基斯坦北部、伊朗、阿富汗、塔吉克斯坦等国)。该地区属典型的大陆性气候,冬冷夏热,昼夜温差大,雨水稀少。据传,汉朝张骞出使西域通过“丝绸之路”传入中国,至今已有2000余年的历史。

大蒜是人们喜食的辛辣蔬菜和调味品。中国是世界上大蒜的主要生产和出口国,远销东南亚、中东、日本、欧洲等地。我国黄河中下游,气候温和,属于大蒜适生区。目前我国大蒜种植面积约20万公顷,占世界大蒜面积的1/2,年产量约为100余万吨,以出口鲜蒜头为主,加工品甚少。主要集中在华东区的山东、浙江、上海、江苏、安徽等地和中原区的河南、陕西、湖北、晋南等地。这些地区的大蒜分布集中,成片种植,而且已形成了冷库贮藏、营销和少量的加工配套体系,已发展成为当地增收创汇的主导产业。

大蒜除作为调味品经常食用外,它的保健、杀菌、医疗功能已逐步被人们认识。目前大蒜在食品工业、医药工业、化妆品工业、饲料工业以及无公害农药生产等方面应用前景十分广阔,因此,大蒜生产的市场前景也十分诱人。

大蒜中含有人体所需的多种氨基酸。据研究,新鲜大蒜中微量元素硒的含量在蔬菜中是最高的。硒是人体必需的微量元素,具有抗氧化功能,被认为有防癌变作用。大蒜中含有0.2%的挥发油,内含蒜氨酸。蒜氨酸一般不挥发,只有大蒜破碎后在蒜酶作用下,才能分解成有异味的大蒜素。大蒜独特的辛辣味可以除鱼、肉的腥味,是烹调中不可少的调味品。大蒜的杀菌作用自古就被人们发现。据传,古埃及人在建造金字塔时经常让民工吃些蒜以防传染疾病。目前民间仍保留着在夏季吃蒜防肠道疾病(胃肠炎、腹泻、痢疾)的习惯。大蒜对肺病、百日咳甚至癌症等都有一定防效。现代医学已经研究证明,大蒜具有广谱的杀菌作用,对危害人类健康和引起畜禽的多种疾病的病原菌都有杀灭和抑制作用。因此,在畜禽饲料中经常添加些捣碎的蒜泥可以起到增加食欲、提高饲料转化率、防止肠胃道疾病的作用。大蒜防癌的机理是阻断了肠胃中硝酸盐转化成亚硝酸盐和亚硝胺的合成作用。

大蒜对植物的多种病害的病原菌和害虫也有一定杀灭或抑制作用,因此,大蒜是很好的前茬作物,也是理想的间作套种作物。

大蒜所具有的杀菌抑菌功效主要来自于大蒜中所含的大蒜素。它是一种含硫化合物,每100克鲜蒜中含有0.5%~2%的大蒜素,不同品种其含量有较大差异。新蒜中含量高,随着贮藏期的延长,大蒜素的含量也有逐渐下降的趋势。

我国大蒜种植面积很大,国际需求量也很多,目前仍以出口大蒜头为主,速冻、低温、气调冷藏、真空包装保鲜的产品和精加工的产品如蒜片、蒜粒、蒜粉、蒜汁、蒜油等出口量甚小,这不符合国际贸易发展规律和国际市场的需求。另外,我国大蒜由于品种关系和缺乏标准化栽培技术,致使蒜头普遍偏小,皮色灰暗不白,加工粗糙,质量参差不齐,真正符合欧、美、日市场要求的比例很小,主要进行边贸和出口东南亚各国,而这两大市场的价格都很低。今后各产区要想在市场竞争中占有一席之地,必须在提高品种质量和贮藏、深加工上下功夫。

一、类型和优良品种

(一)类　型

大蒜在不同的生态环境下易发生变异,通过不断选择,使那些有利于人们需求的变异通过无性繁殖固定下来。因此,就出现了众多以地名而冠名的地方良种，目前在生产中发挥着作用。如四川二水早、软叶蒜作为蒜苗栽培用种在全国推广面积很大。山东苍山大蒜为头薹兼用良种，以其产量高、品质好、耐贮藏被各地引种，大面积推广种植。目前北方秋播区大面积种植的头用品种多是从苏联红皮蒜(苏联 2 号)的变异株中经多年选育出来的。然而有些地方品种在生产中也曾发挥过一定作用，但由于自身原因，如抗病毒性退化能力差或栽培粗放，不注意提纯复壮等原因，目前已经有名无实，如河南的临颍大蒜、超化大蒜。另外，同物异名的情况也不乏存在。

我国大蒜品种资源丰富，根据不同的种植目的可划分为：头用型、薹用型、头薹兼用型、苗用型、苗薹兼用型；根据皮色可划分为红(紫)皮蒜、白皮蒜；根据蒜瓣多少可划分为多瓣蒜、少瓣蒜。陆帼一等根据大蒜对低温的不同反应划分为 3 个生态类型。

1. 低温反应敏感型 花芽、鳞芽分化所需要的低温时间短，对低温要求也不是很严格。在一般温度下即可抽薹分瓣。低温反应敏感型品种多为抗寒性差，一般分布在我国低纬度的南方温暖区。头小、瓣多，一些地方引种多作为蒜苗栽培。如金堂早蒜、软叶蒜、金山火蒜、普宁大蒜等。

2. 低温反应迟钝型 该类型对低温反应迟钝，耐寒性强，需要较长时间的低温和长日照下才能进行花芽、鳞芽分化，形成蒜头、蒜薹。此类型品种多分布在我国北部或高海拔寒冷春播地区。如伊宁红皮蒜、拉萨紫皮蒜、白皮狗牙蒜等。

3. 低温反应中间型 对低温反应介于以上两类型之间。对日照要求也不甚严格，在 8 ~ 16 小时日照下均可形成蒜薹和蒜头，但以 14 小时为最宜。该类型分布在秋播区，品种多，种植面积大。该类型中的一些良种如苍山大蒜、宋城大蒜、鲁农大蒜、嘉定蒜等是我国出口大蒜的主要品种。

(二)优良品种

1. **金堂早蒜** 四川省金堂县地方品种,因主要产于云顶山,又叫云顶早蒜。该品种株高60厘米,株幅12厘米左右,假茎长25厘米左右,粗1厘米。最大叶长35厘米,叶宽2厘米,全株有11片叶。蒜头扁圆形,横径3厘米左右,外皮淡紫色,单头重12~15克,每头有8~10瓣,分2层排列,平均单瓣重1.5克。蒜瓣外皮淡紫色。薹长35厘米,粗0.6厘米,平均重8克。每667平方米产薹150~160千克,产蒜头200千克。属极早熟品种。该品种引入河南作为蒜苗栽培,7月中下旬播种,11月中旬开始收获,每667平方米产量3000千克左右。

2. **软叶蒜** 成都市郊区、新都、彭县为主要产区,又叫新都大蒜。株高80厘米,株幅15厘米,假茎高40厘米,粗1.5厘米,全株叶片数15片,最大叶长45厘米,叶宽3厘米,叶片肥厚、柔软、下垂,故称为软叶蒜。生长快,假茎长,适宜做蒜苗生产。蒜头外皮淡紫色,单头重25克左右,每头约13瓣,分为4层,平均瓣重2.5克。该品种也是栽培蒜苗的理想品种。

3. **二水早** 四川省成都市郊、彭县地方品种。株高74厘米,株幅15厘米,假茎高33厘米,粗1.2厘米,全株12~13片叶,最大叶宽2.3厘米。蒜头圆形,外皮淡紫色,横径3~4厘米,单头重13~16克,每头10瓣左右,分2层排列,平均单瓣重1.8克。蒜皮紫红色。蒜薹长42厘米,粗0.6厘米,单薹平均重12克,味浓品质优,是理想的采薹品种,也可作为蒜苗栽培。该品种耐寒性较金堂早蒜强,耐热,抗病性强,可以早播,是理想的早熟采薹品种。

4. **普宁大蒜** 广东省普宁县地方良种。株高70厘米,株幅20厘米,假茎高24厘米,粗1.5厘米。全株叶片数12片,最大叶长45厘米,最大叶宽3厘米。蒜头横径4厘米,外皮白色,平均单头重20克左右。每头9~12瓣,分3层排列,平均单瓣重2克左右，蒜皮淡红色。

5. **嘉定蒜** 上海市嘉定县地方良种，有嘉定白蒜和嘉定黑蒜2个品种。

(1)嘉定白蒜 株高80厘米，株幅30厘米，假茎粗1.3厘米。全株叶片数13～15片，最大叶长50厘米，最大叶宽2.5厘米。蒜头扁圆形，横径4厘米，外皮白色，单头重30～35克，6～8瓣，2层排列，蒜瓣之间大小整齐相差甚小，平均单瓣重3.7克，蒜皮洁白。蒜薹长40厘米，粗0.5厘米，单薹重15克。每667平方米可产蒜薹250千克左右，产蒜头600千克左右。

(2)嘉定黑蒜 该类型较嘉定白蒜长势强。叶色深绿，叶片宽厚，假茎较粗，薹粗，头大，但辣味稍淡，是目前当地的主栽品种。嘉定黑蒜蒜头扁圆形，横径4厘米，蒜头重近40克，6～8瓣，2层排列，瓣大小整齐。蒜皮白色，基部略泛紫。抽薹性好，薹粗0.7厘米，单薹重17克左右。每667平方米产蒜薹300～350千克，产蒜头650～700千克。

6. **太仓白蒜** 江苏省太仓市的一个优良大蒜品种。该品种皮白色，头圆整，瓣大而匀称，香辣脆嫩，是我国四大名蒜之一。太仓白蒜株高92厘米，假茎高40厘米，粗1.3厘米。有叶13～14片，叶片宽厚，最大叶长54厘米，最大叶宽2厘米，单株青蒜苗30～45克。抽薹性好，薹长54厘米，粗0.7厘米左右，单薹重16～20克。蒜头外皮洁白，圆整，横径3.8～5.5厘米(4厘米以上的占80%以上)，单头重25克左右，每头有6～9瓣，属单层型品种，单瓣重4克左右。每667平方米产蒜头700～1 000千克，产蒜薹250～300千克。该品种也是我国出口东南亚的主要品种之一。

7. **苏联红皮蒜** 1957年从原苏联引进，又称苏联蒜。该品种株高83厘米，假茎长38厘米，粗1.3厘米。全株叶片数13～14片，株型开展幅度40厘米左右，最大叶长58厘米，最大叶宽3厘米。蒜头扁圆形，外皮有紫色条纹，干燥后颜色变浅，蒜头横径

5.2 厘米，蒜瓣呈明显的双层排列，头大、瓣多，蒜瓣数 9～17 瓣，但多数集中在 12～14 瓣，单头平均瓣数 12.1 瓣，单头平均重 42 克，最大单头重可达 95 克。蒜薹短而细，呈黄绿色，总苞基部与蒜薹连结处呈紫红色，蒜薹易采，不易断薹，薹平均长 47 厘米，粗 0.4 厘米，单薹平均重 7.6 克。收薹后留下的残薹自行萎缩，所以蒜头成熟后假茎倒伏与假茎内部残薹干缩有关。每 667 平方米平均产薹 100～120 千克，产蒜头 750～1 000 千克，高产田块可达 1 500 千克。而且该品种适应性广、抗寒性强，即使在气温反常的情况下，二次生长相对来说较其他品种为低，尤其是外层型二次生长发生率更低。

苏联红皮蒜引进我国已有 40 余年的栽培历史，在各地的引进种植中，从变异株中通过定向选择、培养已经形成了与原来苏联红皮蒜有较大差别的各自以地名命名的固定品种，如宋城大蒜、鲁农大蒜、徐州白蒜等。它们与苏联红皮蒜有相近的亲缘关系，但在某些性状方面已经出现了较大差异。如这些新品种的共同特点是瓣数少了，抽薹率高了，夹瓣“楔子蒜”少了，蒜薹粗，产量高了，蒜头也相应大了。目前这些从苏联红皮蒜中定向选择培育而成的新品种在标准化栽培技术的配合下，所生产的大蒜已经成为我国出口大蒜的主导品种，在国内市场销售量上也占有绝对优势。

8. **宋城大蒜** 中牟县是河南大蒜出口基地，他们从苏联红皮蒜中挑选优株，通过多年培育扩大，现在已形成了适宜外销和国内市场要求的以宋朝建都开封而命名的宋城大蒜。该品种生长势强，叶片宽厚，株型开张，蒜头横径一般在 5 厘米以上，少数可达 7 厘米，单头重 50 克左右，最大的可达 120 克。抽薹率达 90%以上，蒜薹短而细，单薹平均重可达 6～7 克，但土壤肥沃的地块也可形成粗壮的薹。一般每 667 平方米可产蒜薹 150 千克，产蒜头 1 000～1 500 千克。该品种休眠期短，9 月中旬即可通过休眠。播种后出苗快，抗寒性强，幼苗越冬不加任何覆盖在短期 －10℃的低温下不会出现冻害。主要用做蒜头栽培，也可作为越冬蒜苗生产。

9. 鲁农大蒜　山东农业大学从苏联红皮大蒜中通过定向选育而成。植株长势强，株高80余厘米，株型开张。全株叶片13～14片，最大叶长73厘米，最大叶宽4厘米。蒜头扁圆形，横径在5厘米左右，单头重达50克左右，每头有10～13瓣，2层错位排列，外层6～7瓣由大瓣组成，内层5～6瓣为中小瓣。蒜皮基部淡紫色，平均单瓣重4.5克。抽薹率80%以上，薹长60厘米，粗0.7厘米，休眠期短，播后出苗快。主要用做头用品种栽培，小瓣种可做蒜苗生产。

10. 苍山大蒜　山东省苍山县地方品种，为山东优特蔬菜之一。其特点是蒜头洁白、圆整，瓣少而大，蒜瓣间大小均匀，香味浓，蒜汁粘稠。蒜薹粗而长，蒜头和蒜薹质量好、产量高，在国内久负盛名。苍山大蒜包括3个品种。

(1)蒲棵蒜　是目前推广面积最大的一个品种，约占苍山县大蒜栽培面积的90%以上。株高80～90厘米，假茎高35厘米，粗1.4～1.5厘米。全株12片叶，最大叶长63厘米，最大叶宽1.4～1.5厘米。蒜头近圆形，外皮洁白，横径4～4.5厘米，单头重35克，大的可达40克以上。每头6～7瓣，2层排列，蒜瓣大小匀称，平均单瓣重3.5克。抽薹性良好，蒜薹长45～50厘米，粗平均0.5厘米，单薹重25～35克，品质优良，适宜贮藏。一般每667平方米产蒜薹400～500千克，产蒜头700～800千克。属中晚熟头薹兼用品种。

(2)高脚子蒜　长势强，植株高大，株高85～90厘来，高者可达100厘米。假茎高约40厘米，粗1.4～1.5厘米。全株有12片叶，叶厚色深。蒜头近圆形，蒜皮洁白，单头6～7瓣，重35～40克。蒜薹长40～50厘米，粗0.7厘米。一般每667平方米产蒜薹500千克左右，产蒜头800～850千克。该品种为晚熟头薹兼用品种。

(3)糙蒜　该品种属苍山蒜中的早熟品种。植株长势弱于蒲棵蒜。全株叶片 11～12 片,叶色浅绿,宽度较蒲棵蒜稍窄。蒜头重 35 克左右,重者可达 40 克,每头有 4～5 瓣,瓣大而匀称。成熟期比蒲棵蒜提早 7～10 天。

11. 嘉祥大蒜　山东省嘉祥县地方良种。为当地出口的重要农产品。植株长势中等,株高 95 厘米,假茎高 40 厘米左右,粗 1.6～1.8 厘米。叶片狭长,直立,最大叶长 50 厘米,最大叶宽 2.8 厘米,叶表面有白粉。蒜头外皮紫红色,横径 4.5 厘米,单头重 25～30 克,单头 4～6 瓣,少数可达 8 瓣,分 2 层排列。蒜衣紫色,平均单瓣重 4.4 克。肉质脆嫩,香辣味浓,蒜泥粘稠。成薹性好,蒜薹长 65 厘米,粗 0.6～0.7 厘米。一般每 667 平方米产蒜薹 500 千克,产蒜头 1 000 千克。属头薹兼用的中熟品种。

12. 襄樊红蒜　湖北省襄樊市郊区地方品种,经多年选择成为以收蒜薹为主兼收蒜头的优良品种。株高 87 厘米,假茎长 35 厘米,粗 1.5 厘米。全株 10～11 片叶。蒜头近圆形,外皮白色,横径 4.5 厘米,单头重 22 克。单头 9～11 瓣,分 2 层排列,瓣形整齐。蒜衣淡紫黄色,平均单瓣重 3 克左右。抽薹性好,蒜薹长 48 厘米,粗 0.8 厘米,单薹重 13 克。

13. 蔡家坡红皮蒜　陕西省岐山县蔡家坡镇地方品种,是我国驰名的大蒜品种之一。该品种株高 85 厘米,假茎粗 1.5～1.6 厘米,高 35 厘米。单株叶数 12～13 片,最大叶长 63 厘米,最大叶宽 3.2 厘米。蒜头扁圆形,横径 3.5 厘米左右,皮浅紫红色,平均单头重 30～35 克,内外 2 层排列,瓣间大小差异不大,蒜皮淡紫色。抽薹性好,蒜薹粗而长,长约 45 厘米,粗约 0.8 厘米,抽薹早、效益高。该品种主要适宜做早薹和越冬蒜苗栽培。每 667 平方米产蒜薹 400 千克,产蒜头 600 余千克,如进行早蒜苗栽培,3 月下旬至 4 月初上市,每 667 平方米可生产 3 000～4 000 千克。

14. 白皮狗牙蒜　吉林省郑家屯地方品种。株高 83 厘米,株幅 18 厘米，株型较直立。假茎长 35 厘米，粗 1.2 厘米。单株有 22 片叶，最大叶长 51 厘米、叶宽 2.2 厘米。抽薹率低，蒜薹细小，蒜瓣呈 2～4 层排列，细而尖似狗牙状，平均单瓣重 1.2 克。蒜衣 1 层，淡黄色，难剥离。秋播区很少栽培。蒜头近圆形，横径 5 厘米左右，外皮白色，平均单头重 30 克左右。每头 15～25 瓣，春播区 3 月中旬播种，7 月下旬至 8 月上旬收获。每 667 平方米产蒜头 500～600 千克。该品种多作为蒜苗栽培。

15. **吉木萨尔白皮蒜** 新疆吉木萨尔县地方品种。因蒜头大、蒜瓣肥、皮色白、品质好而著名，是新疆大蒜出口的重要品种。该品种株高 75 厘米，假茎长 15 厘米，粗 1.4 厘米，单株叶片 14 片，最大叶长 57 厘米，最大叶宽 2.5 厘米。蒜头扁圆形，横径 5 厘米左右，皮白色，平均单头重 37 克，大者可达 80 克。每个蒜头有蒜瓣 10～11 瓣，2 层排列，外层瓣重大于内层瓣重。蒜衣 1 层，淡黄色，平均单瓣重 3.5 克。抽薹率 95%以上，但薹短而细。该地 4 月中旬播种，7 月下旬收获蒜薹，每 667 平方米收薹 100～150 千克。9 月上旬收蒜头，每 667 平方米收 1 500 千克左右。该品种属于晚熟头用品种。

16. **伊宁红皮蒜** 新疆伊宁县的地方品种。株高约 90 厘米，假茎长 25 厘米，粗 1.6 厘米。单株叶片数 11～12 片。蒜头近圆形，横径 5 厘米左右，外皮紫红色，平均头重 50 克左右，每头 6～7 瓣，2 层排列，蒜瓣匀称，差异较小，平均单瓣重 6 克左右。抽薹率高，但薹短而细，属于头用品种。当地作为秋播于 9 月下旬播种，幼苗在厚厚雪层的保护下越冬，翌年 5 月下旬至 6 月上旬收薹，每 667 平方米收蒜薹 100～120 千克。7 月中旬收蒜头，每 667 平方米收 1 500 千克左右。

17. **拉萨紫皮蒜** 西藏拉萨市郊地方品种。蒜头扁圆形，横径 7.5 厘米，外皮紫色，易开裂，平均头重 108 克，有 8～20 瓣，11 瓣左右的居多，平均单瓣重 10 克左右，蒜衣紫褐色。当地于 3 月中旬播种,7 月中旬收蒜薹,10 月上旬收蒜头。

二、栽培形式

大蒜一般多以露地一年一茬栽培为主,蒜苗在秋播区也多以露地为主,冬季稍加覆膜保护,在北部寒冷区进行各种形式的保护栽培。

地膜栽培可使蒜头增大,质量、产量提高,因此,在一些大蒜产区,尤其是以出口为主的集中蒜区,目前地膜栽培面积可达 70%,而且面积仍在扩大。另外,为了充分利用土地,挖掘潜力,在大蒜秋播区多进行以蒜为主的间作套种栽培方式。

(一)地膜覆盖

地膜覆盖技术于 1982 年开始在全国普及,它是我国农业技术推广的重点项目,是一项投入少、效果明显,最易被农民接受的农业项目。推广 20 多年来,从瓜菜、烟、棉等经济价值较高的作物开始并逐步扩大,目前已扩展到玉米等粮食作物上。尤其在瓜菜温室、大棚等保护栽培中,由于地膜的应用不但提高土温,而且减少了水分蒸发,对减轻病害发生起到了决定性作用。

地膜种类很多,性能各异,主要原料是高压聚乙烯、线性聚乙烯或两者共混而成。目前生产中使用最为普遍的是普通透明地膜,厚度为 0.008～0.014 毫米,也有的超薄地膜厚度达到 0.005～0.006 毫米,用量减少成本相对会降低。另外,还具有保水、灭草的黑色膜,避蚜虫、减轻病毒危害的银灰色膜,兼有灭草、避蚜、防病毒作用的黑白双面或黑银灰双面膜等。

地膜入土后不易分解、转化、消失,成为污染土壤的一大公害,目前研制的光降解膜,经一定时间的照晒后自行分解、消失及生物降解膜都是今后要大力推广的地膜。

地膜栽培又称护根栽培，因它没有防霜作用，露地使用需在断霜后，即 4 月中旬在垄面覆盖。晴天中午 5 厘米土温可提高 7℃～8℃，夜间 0.5℃～1℃，阴天在 1℃～2℃。垄面覆膜后土壤水分蒸发后又滴入土层内，形成内循环，具有很好的保湿作用，可减少浇水次数。因此，地膜栽培可使作物根系发育的好、扎的深，苗长的壮，尤其种植大蒜，覆膜后可以保护它安全越冬提早返青。每 667 平方米投入只需 20 余元即可，它的经济回报率却是投入的数倍。我们经常看到有些地块覆膜后效果不大，究其原因主要是覆膜方法不对，正确使用地膜应当掌握以下几点。

1. **采用高垄栽培** 施肥犁耙后做成高 15 厘米、宽 50～60 厘米的垄，垄面要平，不能有坷垃，这样地膜才能紧贴垄面，增温、保墒效果好。

2. **底肥要施足，土壤要细碎** 土层内不能有坷垃，防止切断垄内水分上升的通道。

3. **压实地膜** 对大蒜来说，先播种后覆膜或先覆膜后播种两种方法都可。不论采用哪种形式，膜与地面要紧贴，四周绷紧压入土中，尤其是出苗孔一定用土堵严，不能“跑风”，影响土温提高和造成土壤水分散失。定植孔堵不严易造成膜下杂草丛生，又难以拔除，这种现象的出现实际上是地膜覆盖的完全失败。

(二)间作套种

秋播大蒜的前茬以玉米、豆类及各种喜温的瓜菜为主，稻区可以和水稻轮作。大蒜植株低矮，喜凉爽气候。秋播区在麦收前净地，不影响喜温、喜湿玉米的播种和水稻的插秧，更不影响喜温的瓜菜的播种和定植。如若在大蒜收获前提早把喜温作物套在行间，可以延长喜温作物生长期，有利于高产，也可以错开收麦的忙季。据调查，大蒜与棉花、玉米、大豆、花生、西瓜、南瓜、大白菜等进行间套作的多种模式分析，投入产出比一般在 1:2.5～3.7，经济效益明显。

在生产中蒜农喜欢把大蒜作为前茬或与多种作物进行间套作,其主要原因是:第一,大蒜根系分泌物有抑菌作用,可明显减轻后茬作物的病虫害发生,尤其是土传病害。第二,大蒜根系不发达,分布在土壤的浅层,根毛极少依靠表面吸收,所以在生产中施肥量大,但大蒜本身耗肥量少,收获后剩余在土壤中的养分多,所以大蒜是理想的前茬作物和间套作的共生作物。大蒜喜潮湿、凉爽,与一些高秆、蔓生搭架作物间套作可以各得所需,且两者的生长盛期基本可以错开,生长季节互补,共生期间相互影响小。在生产中经常采用的间套作模式有以下几种。

1. 大蒜—菠菜—南瓜—棉花—大白菜(萝卜)

240 厘米为一种植带。10 月初播种 9 行大蒜,行距 20 厘米,占地 160 厘米,留下空档 80 厘米,与播蒜同时或稍错后在空档内播种菠菜。菠菜要选择大叶品种,采用条播稀下种争取长大棵。菠菜从 12 月开始收获,一直可收获到翌年 3 月。菠菜收完后施肥整地于 4 月下旬播种或定植 1 行南瓜,株距 70 厘米,每 667 平方米 400 株。后在南瓜两侧各栽 1 行棉花,距大蒜 20 厘米,棉花株距 35 厘米,667 平方米保苗 1 600 株。大蒜收后及时把南瓜秧拉向麦茬地整枝留蔓。南瓜于 7 月下旬拉秧后,在棉花宽行间整地施足底肥于 8 月上旬播种 1 行早熟大白菜(60 天收获)或播 2 行萝卜,白菜株距 40 厘米,667 平方米留苗 700 株,萝卜株距 20 厘米,667 平方米留苗 2 700 株,10 月上中旬收获白菜或萝卜,11 月中旬棉花拔棵后,整地播麦,注意要选择春性小麦并加大播量。

该模式大蒜 667 平方米产量 600 千克、菠菜 667 平方米产量 200 千克,春节前后上市,南瓜 6 月上市嫩瓜、7 月上市老熟瓜,667 平方米产量 2 000 千克,棉花 667 平方米产皮棉 50 千克,早熟大白菜 667 平方米产量 1 500 千克(萝卜与白菜上市时间和效益基本相同)。

该模式采用宽行种植便于小型机械操作，节省用工量，茬口跟得紧，养分消耗大，追肥、底肥要跟上，防止脱肥。每种作物的播种期、定植时间、种植密度都做到不误农时，合理配置，如若任意提早、延后或加大密度就会加剧相互间的影响。

2. 大蒜—菠菜—西瓜(南瓜)—玉米

300厘米为一种植带，于10月初播种12行大蒜，占地220厘米。留下80厘米空档(预留带)播种菠菜。翌年菠菜收后，整地施底肥，4月下旬点播1行地膜西瓜或南瓜。5月下旬大蒜收种后及时把瓜秧引向麦茬地，并整枝压蔓理顺瓜秧。同时在蒜茬地中间播1行玉米，株距25厘米，667平方米保苗1 200株，过稠影响瓜生长。7月下旬至8月收瓜，9月中旬收玉米后，施肥、整地继续播种大蒜。

3. 大蒜—菠菜—南瓜—早熟菜花

做180厘米宽的畦，于9月下旬在紧靠畦的一侧种6行大蒜，行株距20厘米×10厘米，占地1米。在80厘米的空档内开沟播种3行大叶菠菜。菠菜从11月陆续开始收获，直至翌年3月收获完毕。然后施肥、整地做成小高垄，其上覆地膜按株距50厘米于4月中旬定植1行南瓜(南瓜于3月中旬小拱棚营养钵育苗)。5月底大蒜收后把南瓜秧引向空畦，理顺蔓叶、压蔓、留瓜，7月下旬南瓜拉秧，可及时整地定植早熟耐热菜花——夏银花、白雪公主(均需提早25天在遮阳网下利用营养钵育苗，5～6叶定植)。定植地施足底肥，犁耙整平后按110厘米踩线，然后从线内侧向中间翻土做成高15厘米、宽60厘米的高垄。在垄两侧按45厘米株距定植2行菜花，667平方米栽苗1 600株。生长期间不蹲苗，肥水齐攻，注意防虫，出现花球后，掰下底部老叶盖在球上防阳光暴晒、灰尘污染而降低花球质量。夏银花、白雪公主都属于优质的耐热早熟菜花品种，花球洁白、紧实，夏季在一般的气温下不会出现“毛花、黄球、紫花”现象。这茬菜花单球重可达700～800克，每667平方米产量1 000余千克。9～10月上市正值秋淡季。该模式在河南中牟推广效益很好。

4. 菠菜—大蒜

菠菜与大蒜间套作是农民经常用的一种种植方式。传统的种植方法是130厘米宽的畦内开沟种植6~7行蒜，株距10~12厘米，随即漫撒菠菜，每667平方米需菠菜种1.5~2千克，然后用耙子平沟覆土。这种套种方式是利用菠菜与大蒜对温度要求的不同，而出现生长速度的差异。冬季菠菜生长占据优势，春季气温回升，大蒜生长出现高峰。它们共生期虽长达半年之久，但各得其所影响甚小。菠菜从11月可陆续收获，收大留小一直持续到翌年2~3月份，每667平方米产量1000千克。这种传统的种植方式虽省工并且一直延续至今。但从今日市场的要求来看，需要进行一些改进。首先要加大大蒜的行距，由目前的20厘米增到25厘米，株距由10厘米扩大到12厘米，把大蒜密度降下来，争取形成大头蒜。其次菠菜要选择大叶、厚叶、色深的品种，改撒播为在大蒜行间和畦埂上开沟稀播（点播），既节约用种量（667平方米用种不足0.5千克），又可使菠菜长成大棵提高质量。

5. 大蒜—早熟西瓜—玉米

该套作形式采用220厘米为一种植带，每带内于9月下旬平畦种植大蒜12行覆地膜。3月下旬在带中间挖出4行作为蒜苗上市，后在留出的近100厘米空档内施肥整地定植1行西瓜，株距50厘米（2月中旬在温室内育西瓜苗），栽后覆地膜，上扎70~80厘米高的拱架盖天膜。由于大蒜的挡风保护和天膜地膜的增温保墒作用，西瓜长得很快。5月下旬收蒜后把瓜秧拉向蒜地，追肥、整枝、压蔓。6月中下旬即可收瓜。在5月下旬瓜胎坐稳后，在瓜秧基部还可种植2行玉米，玉米收后仍可种蒜。

6. 大蒜—菠菜—西瓜—早熟白菜（菜花）

做180厘米宽的畦，于9月下旬靠畦的一侧种6行大蒜，行株距20厘米×10厘米，占地100厘米宽，出苗后覆地膜。然后在80

厘米的空档内开沟播种 3 行大叶菠菜。菠菜从 11 月开始收获一直收到翌年 3 月。后整地施肥做成小高畦，按株距 50 厘米于 4 月中下旬栽种 1 行西瓜（西瓜于 3 月中旬在小拱棚内营养钵育苗）。5 月底收完大蒜后及时把瓜秧引入空畦，追肥、整枝、压蔓。7 月下旬西瓜拉秧后及时整地播种早熟大白菜（选择豫园 50、夏辉、夏育等耐热性强抗病早熟种）。也可栽种抗热的菜花如夏银花、白雪公主等（6 月下旬遮阳防雨育苗）。行株距均可采用 50 厘米 × 40 厘米。早熟大白菜或菜花可在 10 月初收获。

7. 大蒜—菠菜—辣椒—玉米

种植带 170 厘米宽，其中 100 厘米畦内种 6 行大蒜，株距 10 ~ 12 厘米，70 厘米宽的预留畦内稀播 3 行大叶菠菜。菠菜从 11 月份始收一直可收到翌年 3 月。3 月中旬在温室或中拱棚（夜间加盖草苫）内育辣椒苗，品种选择大果型、微辣、肉厚的品种，如农研 16、农研 17、湘研 10 号等良种。5 月上旬在菠菜收后的预留带内整地、施底肥，然后在距大蒜两边行 10 厘米远两侧双株定植辣椒，株距 50 厘米，每 667 平方米栽苗 3 000 株。5 月底大蒜收后在宽行内按株距 100 厘米，一穴双株播种 1 行大穗型玉米，可选择豫玉 22、北京 108 等高产大穗良种。利用稀植玉米给辣椒形成“花荫”环境替辣椒遮风、挡雨、挡强光，还可起到阻隔传播辣椒病毒的蚜虫迁飞，减轻辣椒病毒病的感染率。

该模式经试种，大蒜每 667 平方米产量 500 千克、菠菜 300 千克、辣椒 2 500 千克，可在 8 月份随时收获嫩玉米，也可在 9 月份收老玉米。该种植方式留出 70 ~ 100 厘米预留带，少种 3 ~ 4 行大蒜，其损失由菠菜来补，菠菜收得早，有充裕时间对定植辣椒的预留带进行施肥、深翻、整理。而且可以提早定植辣椒。辣椒与大蒜二者共生期不足 1 个月，影响也不大。

8. 大蒜—黄瓜—菜豆

该模式在山东大蒜名产区苍山试种成功。110 厘米为一种植带，80厘米宽，畦面高10厘米，畦沟宽30厘米。选择苍山蒜中的早熟品种，于10月初播种，行距17厘米，每畦5行，株距7厘米，平均每667平方米保苗33 000株。播后覆土浇水覆地膜，以后按常规管理。蒜薹采收后浇2次水促进蒜头膨大。收蒜前如地墒差可再浇1次水，备播夏黄瓜。黄瓜可选用抗热、抗病品种如津优4号、豫黄瓜2号、津春5号等。5月底将有机肥施入畦沟内深翻整平，在沟两侧按株距25～30厘米播种2行已催出芽的黄瓜，每穴2籽，覆土2～3厘米。播后3天出苗，中耕保墒，当瓜苗长至3～4片叶时每穴保留1株。6月初收蒜后在窄沟上方搭架，搭架时竹竿要向黄瓜植株外侧约10厘米处插入土中，以扩大窄行间距离。蒜茬地留作宽行走道。黄瓜出苗后约40天开始收获，采瓜期约40余天。7月中下旬在黄瓜的宽走道中施肥整地播种2行菜豆，品种选用芸丰623、丰收1号等早熟种，穴距25厘米，每穴3籽，黄瓜拉秧后，架豆可利用黄瓜架爬秧，9月中旬开始收获。

9. 大蒜—豫艺争春甘蓝—南瓜—玉米

300厘米为一种植带，在200厘米宽畦内于9月下旬播种8行大蒜，株距8～10厘米。翌年5月下旬收获。在播种大蒜的同时育豫艺争春甘蓝苗。该品种呈牛心型，冬性强、抗抽薹性好。10月中下旬定植在1米宽的小畦内。株距30厘米，每667平方米栽苗700余株，4月中下旬收后及时整地、施肥播种或定植提前培育的南瓜苗，株距50厘米，每667平方米栽苗400株。南瓜选用干、面、甜的优良品种，如蜜本、黄狼等。大蒜收后及时把南瓜秧拉向蒜畦并整枝压蔓，同时在其行间套种1行玉米，株距25～30厘米，每667平方米保苗800株，玉米选用大穗型高产品种豫玉22。南瓜、玉米收获后不耽误播种或定植越冬作物。

10. 蒜苗—大蒜—西瓜—棉花

320厘米为一种植带，其中160厘米于9月中旬种大蒜，行距20厘米、株距16厘米。另一半畦面把种蒜剩余的蒜种也按行距

20厘米开沟,然后在沟的两边按3~4厘米栽蒜生产蒜苗。生产蒜头和蒜苗都可选用目前生产中种植面积最大的宋城白蒜。播种后封沟浇水,压实土层,防止“跳根”。棉花、西瓜(可选用台湾黑宝或无籽品种)于3月下旬利用营养钵在大棚或中拱棚内育苗。4月初收获蒜苗后,施肥整地做成小高畦,按株距45厘米栽1行西瓜,每667平方米保苗近460株。在西瓜两侧按株距20厘米栽2行棉花,每667平方米保苗1 800株。覆地膜或扎小拱棚进行短期覆盖。大蒜5月下旬收后,在棉花一侧开10厘米深沟集中施腐熟鸡粪,每667平方米2 000~3 000千克,施后顺沟浇水、封沟,并把瓜秧从棉花株间拉出整枝、压蔓。该种植模式每667平方米产蒜苗1 500~2 000千克、产蒜薹150千克、产蒜头700~800千克、产西瓜2 500~3 000千克、产皮棉50余千克。

间作套种在我国已有2 000余年历史,尤其对人多地少劳力充裕的地区来说,间套作是利用现有土地,挖掘环境资源潜力的一种好办法,要长久地坚持下去。间套作所以能够增产,主要是在生长季节里充分利用了自然界的光、热、水资源,田间始终有绿色叶片,减少了光的漏射,增加了对光的截取。间套作能否成功还应该注意以下几个问题:首先要定好带距(指田间间套的各种作物顺序种植一遍所占的宽度)。为了便于机械耕作,目前推广宽带种植,尤其是大蒜地套蔓生的瓜类,预留带不能过窄,最少不能低于70厘米,最好是100厘米。冬季在带内可种耐寒蔬菜,春季在带内种植其他作物,两者影响小。其次,作物间要搭配合理,喜温与喜凉的、高秆与低矮的、早熟与晚熟的,它们之间共生期尽量短些。尤其在行间配置欠妥,密度过大的情况下,若共生期过长就会以强压弱甚至两败俱伤。第三,肥料要充足,管理要跟上,尤其是需要整枝打杈的瓜类,在坐瓜前若整枝不及时就会旺长影响坐瓜。第四,间套作要与育苗相结合,才能更加充分地利用当地生长季节的光、热、水资源。

三、栽培技术

大蒜通过不同的栽培方式和方法可以生产蒜头、蒜薹、青蒜(蒜苗)、蒜黄等不同的产品。这些产品相互配合可以丰富市场的花色品种,不同大蒜品种的栽培时间、栽培方式相互配合,还可使大蒜的产品达到周年供应。

(一)蒜头和蒜薹栽培

蒜头和蒜薹都是以鲜食和加工为主。因此生产蒜头要选择大头少瓣,抽薹力弱,皮色洁白、光亮,蒜头圆整,瓣数少,在 5 ~ 10 瓣,单头重在 50 克以上,休眠期长,辣味浓香,蒜汁粘稠,蒜肉洁白,硬度大的品种。如苏联红皮蒜、宋城白蒜、鲁农大蒜;或头薹兼用品种如苍山大蒜、嘉定蒜、嘉祥大蒜等。生产蒜薹的可选择出薹早,薹粗、薹长、易抽出的品种如二水早等。生产蒜头和蒜薹都是以露地生产为主。

1. **播种期** 大蒜喜凉忌热,有一定抗寒性,幼苗可耐短期 -10℃ 的低温,冬季月平均最低气温在 -6℃以上的地区,秋播均可使幼苗安全越冬。高温不利于大蒜生长,当平均气温上升至25℃时,根系逐渐死亡、茎叶枯黄、蒜头膨大迟缓甚至停止。我国地域辽阔,全国各地几乎都可以种蒜。但由于各地温度差异较大,即使是同一地区高山与平原就有差别。一般北纬 38°以北,冬季严寒,秋播幼苗越冬易遭冻害,一般进行春播。根据我国北方春季短,气温上升快,适宜大蒜生长的季节短的特点,采取秋播可利用秋末冬初的生长季,越冬后又充分利用春季短暂的生长季,加长了大蒜生长期,所以秋播区比春播区生产的大蒜质量好、产量高。因此,我国大蒜的产区几乎都集中在秋播区。近些年在北部地区或一些南部高海拔地区,为了获取大蒜的优质高产,试验由春播改为秋播，选择抗寒品种、覆地膜或盖草保护幼苗安全越冬并获成功，使蒜头大小比春播者增加50%以上，蒜薹产量成倍增加，经济效益十分明显。

春播区一般在东北、华北北部、内蒙古及一些高海拔地区。因冬季气温经常在-10℃以下，甚至低到-20℃，致使秋播幼苗难以越冬，所以必须进行春播夏收。当土壤解冻后，平均气温稳定在5℃以上时，达到大蒜发芽、生根所需的临界温度时便可播种，仲夏收获。播种过早，种瓣易受冻；播种过晚，春季生长时间短，产量低、质量差甚至形成独头蒜、无薹少瓣蒜。所以春播区大蒜有“种在冰上、收在火上”之说。春播出苗后利用短暂的春季抽薹结蒜，因生长季节短，所以蒜头小，蒜薹短、细，产量低，质量差。我国一些大蒜产区播种及收获期见表4-1。

表4-1 全国大蒜主要产区播种期收获期 （旬/月）

<table>
<tr><th>产 区</th><th>品 种</th><th>播种期</th><th>蒜薹收获期</th><th>蒜头收获期</th></tr>
<tr><td>广 东</td><td>金山火蒜、普宁大蒜</td><td>中/10</td><td>—</td><td>上、中/3</td></tr>
<tr><td>广西玉林地区</td><td>玉林红皮蒜</td><td>上/10</td><td>下/2</td><td>中/3</td></tr>
<tr><td>云南曲靖越州区</td><td>越州红皮蒜</td><td>下/8～上/9</td><td>中/3</td><td>上/4</td></tr>
<tr><td>贵州毕节</td><td>毕节大蒜</td><td>中、下/8</td><td>中、下/5</td><td>中、下/6</td></tr>
<tr><td rowspan="2">四川成都</td><td>金堂早蒜</td><td>上/8～中/8</td><td>下/11</td><td>中、下/2</td></tr>
<tr><td>二水早</td><td>下/8～上/9</td><td>上、中/3</td><td>上/4</td></tr>
<tr><td>湖北襄樊</td><td>襄樊红蒜、二水早</td><td>下/8～上/9</td><td>中/3～上/4</td><td>上、中/5</td></tr>
<tr><td>江苏太仓</td><td>太仓白蒜</td><td>下/9～上/10</td><td>下/4～上/5</td><td>下/5～上/6</td></tr>
<tr><td>河南中牟、杞县</td><td>宋城大蒜</td><td>中、下/9</td><td>上/5</td><td>下/5</td></tr>
<tr><td>山东苍山、金乡、嘉祥、济宁</td><td>蒲棵蒜、金乡白蒜、嘉祥大蒜</td><td>下/9～上/10</td><td>上、中/5</td><td>下/5～上、中/6</td></tr>
<tr><td>陕西岐山县</td><td>蔡家坡红皮蒜</td><td>中、下/9</td><td>中/4</td><td>下/5～上/6</td></tr>
</table>

续表 4-1

产 区	品 种	播种期	蒜薹收获期	蒜头收获期
山西太谷、应县	苏联红皮蒜、山西紫皮蒜	中/9	下/5	下/6
新疆乌鲁木齐	吉木萨尔白皮蒜	中/4	下/7～上/8	上、中/9
新疆昭苏	昭苏六瓣蒜、伊宁红皮蒜	中/10	中/7	中/8
辽宁开原	开原大蒜	下/3～上/4	中/6	中/7
西藏拉萨	拉萨紫皮蒜	上、中/3	上、中/7	下/8～上/9

节选自《大蒜高产栽培》,陆帼一主编

表中所列是在常规条件下各地习惯采用的播种期和收获期。但从市场对大蒜各类产品的需求来看,各地可根据本地区的气候状况,创造条件生产出优质高产的大蒜产品来填补市场空缺。如河南郑州、驻马店等地利用软叶蒜品种生产蒜苗,播种期提到 7 月中、下旬,10 月份就可上市蒜苗;北京、河北固安、山西晋中等地,按纬度和冬季温度划分应为春播区,近些年冬季采取覆地膜、盖草、盖粪等防寒措施,由春播改为秋播后,大蒜产量和质量大大提高。

同一品种、同一地区播期不同对大蒜的产量、质量(表 4-2)和大蒜的主要性状(表 4-3)都会有大的影响。

表 4-2 不同播期对大蒜质量和产量的影响 (河南郑州)

播种期(日/月)	蒜头重(克)	头横径(厘米)	瓣数及各瓣所占比例				平均瓣重(克)	每667平方米产量(千克)
			总瓣数	大 瓣(%)	中 瓣(%)	小 瓣(%)		
7/9	59.6	4.7	7.1	61.5	26.0	12.5	8.4	1786
24/9	65.8	5.2	7.1	68.7	28.8	2.5	9.4	1974
1/10	54.0	4.8	9.5	28.0	51.5	20.5	5.8	1619
15/10	40.9	4.9	8.2	15.1	54.6	30.3	5.0	1276
1/11	33.3	4.5	7.1	11.2	58.4	30.4	4.7	1000
15/11	21.7	3.8	4.7	9.3	56.7	34.0	4.6	650

续表 4-2

播种期(日/月)	蒜头重(克)	头横径(厘米)	瓣数及各瓣所占比例				平均瓣重(克)	每667平方米产量(千克)
			总瓣数	大瓣(%)	中瓣(%)	小瓣(%)		
1/12	17.6	3.6	4.1	9.7	25.2	65.1	4.3	528
15/12	15.9	3.5	3.9	15.8	28.2	56.0	4.1	478
1/1	13.6	3.2	3.1	17.9	26.9	55.2	4.4	407
15/1	12.0	3.2	3.0	12.4	30. 0	57.6	3.9	359
15/2	11.7	3.1	2.7	0	30.0	70.0	4.4	352
1/3	5.8	2.2	1.1	6.5	60.0	33.5	5.5	175
15/3	3.8	1.8	1.0	0	75.0	25.0	3.6	113

表 4-3　不同播期对蒜头性状的影响

(苍山大蒜,河南郑州)

播种期(日/月)	出苗期(日/月)	出苗天数	抽薹期(日/月)	4月1日单株叶数	抽薹分瓣率(%)	无薹分瓣率(%)	独头率(%)
7/9	8/10	31	1/5	10	100	0	0
24/9	13/10	19	1/5	10	100	0	0
1/10	15/10	14	1/5	9.5	100	0	0
15/10	28/10	13	2/5	9	100	0	0
1/11	12/11	11	5/5	8	100	0	0
15/11	27/11	12	10/5	7	74.8	10	15.3
1/12	4/1	34	15/5	6	46.5	32.6	20.9
15/12	8/2	54	13/5	6	29.6	22.7	47.2
1/1	10/2	40	—	6	22.0	14.0	64.0
15/1	14/2	30	—	5	14.3	25.7	60.0
15/2	3/3	18	—	4	0	45.5	54.6
1/3	18/3	17	—	3	0	6.7	93.3
15/3	28/3	13	—	2	0	0	100

从试验结果来看，大蒜播种过早因休眠未完全解除，出苗期延长，出苗后冬前生长偏旺，春季易早衰，影响产量和质量；播种过晚出苗期虽可缩短，但冬前生长期短、营养体小、抗寒性差，更影响产量和质量。由表4-3可以看出，在11月中旬播种的就会出现独头蒜(占15.3%)和无薹分瓣蒜，抽薹明显降低(抽薹率74.8%)。从表4-3还可看出，秋播区若进行春播，出苗后因春季生长期短，严重影响大蒜的产量和质量，3月15日播种的独头率占100%，每667平方米产量只有113千克。

2. **种瓣选择与分级** 大蒜播种前要进行选头、剥瓣、去踵(蒜瓣基部已木栓化的老茎盘)以利吸水发根。大蒜属于无性繁殖，蒜瓣既是贮藏营养的食用器官，又是作为种子的繁殖器官。硕大的种瓣给植株前期生长提供了充分的营养，使植株生长速度明显加快。因此，种瓣的大小对大蒜幼苗期的生长和健壮程度影响极大，母大子肥形象地说明种子对幼苗的影响。大种瓣养分充足，出苗后苗长的快、根量多(表4-4)，苗粗壮，叶片宽厚，能形成头大、瓣重的大头蒜。而且这种正效应可以直接影响到大蒜生长的一生。所以在同样管理条件下选用大瓣做种能生产出大头蒜。尤其在目前市场对大蒜质量要求愈来愈高的情况下，大头蒜与小头蒜差价甚远，为此选用大瓣做种其意义显得更为重要(表4-5)。

表4-4 种瓣大小不同发根条数和幼芽粗度比较

处 理	根条数	根粗度(厘米)	幼芽粗度(厘米)
大瓣 >5克	31.2	0.15	0.5
中瓣 3.3~5克	21.7	0.10	0.35
小瓣 2.5~3.2克	12.6	0.07	0.25

表 4-5　种瓣大小对大蒜各主要性状及产量的影响　(苏联红皮蒜)

处理	平均头重(克)	平均每头瓣数	新蒜头中各瓣所占比例						产量(千克/667 平方米)	增产率(%)
			大瓣		中瓣		小瓣			
			瓣数	(%)	瓣数	(%)	瓣数	(%)		
大瓣	59.0	8.8	4.4	50.8	3.4	34.2	1.3	15.0	1352	29.8
中瓣	54.3	8.1	3.9	47.8	2.6	32.1	1.6	20.1	1229	18.0
小瓣	43.4	6.9	2.9	42.3	2.4	35.1	1.6	22.6	1042	—

利用大瓣做种，每 667 平方米产量提高近 30%，蒜头增大、质量提高、效益增加。另外，分级时把泛黄的、变软的、虫蛀的、基盘受损的都应拣出不能做种。播种前按蒜瓣大小分成 3 级，以重量计，大于 5 克为大瓣(少于 200 瓣/千克)、中瓣 3.3～5 克(200～300 瓣/千克)、小瓣 2.5～3.2 克(300～400 瓣/千克)。根据种瓣大小来确定种植密度。作为商品蒜栽培，尤其是出口蒜基地要尽量选大瓣或大于 4 克以上的中瓣，小瓣可作为蒜苗栽培。对于一些蒜头小、瓣数多的品种如软叶蒜、二水早、成都金堂蒜等早熟品种，播种时也应根据具体情况进行分级播种，即使做蒜苗栽培也应进行分级分栽。

3. **密度确定**　大蒜的种植密度与品种特性、土壤肥力、栽培方式，尤其是种瓣的大小有关。大瓣种自身所含养分足，出苗后长得快，叶面积发展快、根系多、植株高、假茎粗而长、蒜薹产量高、蒜头大、大瓣蒜所占的比例大(表 4-5)；一般地上部开张角度大，生长旺盛，栽后覆地膜的，土壤肥力大，种植密度应稀些，反之可稠些。不同品种长势强弱不同，长势强的中晚熟品种应稀些，反之可稠些。小蒜瓣留做蒜苗栽培。一般以生产蒜头为主的苏联红皮蒜、宋城大蒜、鲁农大蒜和薹头兼用的苍山蒜、嘉定蒜、太苍蒜等以大瓣做种，每 667 平方米播种不超过 3 万瓣；中瓣做种 3.5 万株左右。密度大，单株所占空间小，相互影响大，所形成的蒜头小、难拔薹，易断薹，单位面积产量虽高些，但蒜的质量明显下降（表 4-6）。

表 4-6 不同密度对蒜头重和产量的影响

品 种	万株/667平方米	瓣 数	单头性状			平均瓣重（克）	头 重（克）	千克/667平方米
			大瓣（%）	中瓣（%）	小瓣（%）			
苏联红皮蒜	2	13.7	11.0	42.0	47.0	4.1	55.6	1111.1
	4	13.3	4.0	32.0	64.0	2.6	34.5	1378.4
	6	13.6	1.1	10.3	88.6	1.9	26.3	1580.0
苍山大蒜	2	9.4	46.0	31.0	23.0	7.7	71.6	1432.2
	4	7.1	24.0	49.0	27.0	5.9	41.9	1677.0
	6	7.0	25.0	39.0	36.0	4.1	28.5	1711.1

在市场经济条件下，蒜头大小是衡量大蒜质量高低的重要标准，因此，建议在多施有机肥、选大瓣做种、种后覆地膜的基础上密度适当稀些，力争生产出合乎市场需求的大头蒜。

4. 整地施肥做畦（垄） 大蒜秋播区因播种多在 9 月下旬至 10 月上旬，因此，它的前茬作物多为喜温的玉米、豆类、水稻等粮食作物以及喜温的各种瓜菜作物。春播区因生长季节短，前茬也多是喜温的粮食作物和瓜菜类。这些作物收获后深耕、不耙、冻垡，经冬雪冻融使土壤疏松，对土壤中一些越冬病虫经低温被杀灭。春季解冻后施基肥浅犁细耙做畦（垄）准备播种。中牟县是河南的大蒜名产区，多与玉米倒茬。9 月上中旬玉米成熟后掰去棒子，先用悬耕犁把玉米秆就地推倒粉碎，同时每 667 平方米施干鸡粪 400 千克、磷酸二铵 50 千克、氯化钾 30 千克，同时翻入土中耙平做畦（垄）。地膜栽培的按 80 厘米踩线，切住两边线用锄向内提土做成高 10 厘米、宽 50 厘米的高垄，垄沟宽 30 厘米，每垄上按 10～12 厘米株距种 4 行蒜，每 3 个高垄为 1 组，做 1 个 20 厘米高的埂作为“挡水”，防止灌水时四处跑水。在高埂上同样也种 4 行蒜。另一种为平畦栽培，即施肥整地后做成 4 米宽的平畦，畦埂高

25 厘米，大畦内再分成 3 个小平畦，每小畦播种 8 行蒜，株距 15 厘米。这里需要指出的是蒜地施用的有机肥一定要经过高温堆集沤制进行无公害化处理，杀死粪中的病菌、虫卵，更可防止未腐熟生粪散发的臭味诱引蒜蛆成虫在株旁产卵，卵孵化后进入土层危害大蒜。

高垄栽培土层深厚有利于大蒜根系发展和蒜头膨大，尤其是覆地膜后因宽宽的垄面，受热面积较平畦大，地温升得快，翌春返青早，所以大蒜栽培应推广高垄覆膜。高垄栽培应注意垄面不可过宽，因大蒜根系浅、根量少，属浅根性作物。垄栽灌水是从垄沟两边侧面渗入土层，若垄面过宽、垄沟窄，盛水量小易出现"垄心旱"，影响垄中间的根系吸水。一般来说垄面宽不超过 70 厘米、垄沟宽 30 厘米。平畦做畦省工，但从覆膜后的土壤增温效果来看不如高垄。更大的缺点是平畦栽培覆膜后每次灌水，水中携带的泥待水下渗后就会沉积在膜面上，使地膜的透光性大大降低，污染严重的甚至膜面全被污泥覆盖，从而失去了地膜增温这一重要作用。因此，平畦覆膜者灌水最好采用软管净水灌溉，不能用土水渠畦头改水的方法灌水。

5. **播种** 大蒜播种不论是采用平畦还是高垄，在播前首先要安排好每畦(垄)合理的行数。行数确定后再根据每 667 平方米的株数来确定株距。如果大蒜与其他作物间套作，还要根据两者共生期的长短留出预留带(背垄)的宽度。行距和每畦(垄)的行数确定后，制作一多行开沟器，可加快开沟速度，保证匀称的行间距离。利用开沟器划行开沟，一次开数沟深度约 10 厘米，按确定的株距摆瓣，要求蒜瓣的背腹连线要与行向平行，出苗后植株叶片的分布方向就与播种行的方向垂直，叶片排列有序减少相互间的重叠遮挡，叶片受光条件好，充分发挥光合性能，增加光合产物。播种后用耙子背顺沟方向轻轻搂，进行平沟盖土并及时灌水，一是促进尽快发根，二是压实土壤防止"跳蒜"(因大蒜先发根，如若覆土过浅，土表疏松不实或播种沟底过硬，出根时容易把种瓣抬出）。

6. **喷洒除草剂** 秋播大蒜种植多在9月中下旬，此时气温适宜各种杂草生根发芽。杂草出苗后随着气温的下降，生长缓慢，冬前危害不大，但春季返青后多数杂草生长速度超过大蒜，如若不及时处理后患无穷。但由于大蒜行株间距都较窄，给人工锄草带来一定困难，尤其在地膜覆盖下，膜下杂草难以拔除会把膜顶起，失去了覆膜作用，其更大的危害是与大蒜争夺养分。因此，大蒜播种后及时喷洒除草剂应列为栽培中的一项主要技术措施。地膜大蒜在播种灌水后立即喷洒除草剂并覆膜。也可在10余天后待除草剂已发挥作用，大部分杂草已被杀灭，剩余的少量人工拔除后再盖膜。大蒜生长中期行间出现杂草，可先把大棵拔掉，然后在喷雾器喷头上按一圆形定向罩，在行间喷洒时可限制雾滴的扩散面积，防止对周围作物产生药害，因雾滴集中也大大提高了除草效果。喷洒除草剂时要倒退着喷，防止脚印把已在畦面上形成的封闭药膜破坏。要喷的均匀，畦（垄）面、沟埂上都要喷。喷完一筒，要在原地做一标记以防漏喷。喷头除带定向防护罩外，喷时要选择无风天，喷头压低尽量离畦面近些，防止药液漫无边际地向四周飘移扩散。近些年除草剂在生产中大量应用，由于使用方法欠妥，给生产带来一些危害，因此，一定要严格按操作规程实施。

表4-7 蒜田除草剂的种类和防除对象

应用适宜期	种 类	防除对象	注意事项
播后苗前	除草通、大惠利、氟乐灵 莎扑隆 绿麦隆、异丙隆、扑草净 果尔、蒜草净、恶草灵、抑草宁	禾本科单子叶草（禾草） 禾草和莎草 禾草和阔叶草 禾草、莎草和阔叶草	土壤处理注意保墒、增墒，保证防效
立针叶	果尔、蒜草净、恶草灵、抑草宁	禾草、莎草和阔叶草	蒜苗1叶1心禁用药

续表 4-7

应用适宜期	种　类	防除对象	注意事项
2 叶期(草高 > 10 厘米)	果尔、蒜草净	禾草、莎草和阔叶草	蒜苗 2 叶期前禁喷药
苗后中期	精禾草克 果尔、草甘磷、百草枯	禾　草 禾草、莎草和阔叶草	行间定向喷雾

选自《出口大蒜高效生产技术》,(王昆 眪训东主编)

适宜蒜田使用的除草剂见表 4-7。大蒜播种后出芽前每 667 平方米使用 48%氟乐灵 200～250 毫升,或 33%除草通 200～250 毫升,或 50%大惠利 120～140 克,均对水 40～60 升均匀喷雾。或在禾草 2～4 叶期,每 667 平方米用 5%精禾草克乳油 50～70 毫升,对水 30 升均匀喷雾。若禾草已长到 4 叶期,用药量需适当加大。阔叶草的防除是在大蒜出芽前每 667 平方米用 50%扑草净 80～100 克,对水 30～40 升,或 24%果尔 50 毫升,或 40%蒜草净 100 毫升,或 37%抑草宁 170 毫升,均对水 50～60 升均匀喷雾。在目前大蒜产区应用最为普遍的除草剂有每 667 平方米用 46%蒜草净 100 毫升,或 24%果尔 50～60 毫升,对水 50～60 升,在大蒜出芽前或出芽后(但要避开大蒜 1 叶 1 心至 2 叶期)喷雾。使用除草剂要求土壤湿润,有利于草籽发芽,才能充分发挥除草剂的除草效果。另外,有些除草剂如果尔、恶草灵等用后,蒜叶上会出现一些褐色或白色的斑点,但 5～7 天即可恢复正常,对大蒜无不良影响。

另外,农业防除法也是生产中经常使用的,覆膜时只要膜面绷的紧,四周压的严,出芽孔用土堵住不跑风,晴天膜下的温度足以把嫩草芽烫死。蒜田盖 5～7 厘米厚麦秸、稻草等也可起到防草效果。利用黑色地膜种植大蒜在日本已经非常普遍,它的增温效果没有透明膜高,但它的保湿防草作用是非常好的。

7. 覆盖地膜　近些年来地膜在大蒜栽培中的增产增收作用

已经被广大蒜农所接受。我国大蒜产区山东金乡、苍山、河南中牟、杞县等大蒜出口基地栽培面积大、集中栽培技术比较规范,地膜覆盖面积均在85%以上。他们把地膜覆盖当作提高大蒜质量走出国门,在国际市场上竞争的一种重要栽培手段。

笔者曾于1983~1984年对苏联红皮蒜、山东苍山蒜覆膜后的效果做了调查,其结果是:覆膜后提高了土壤耕层的温湿度,出苗提早2天,春季返青提早7~10天,抽薹期提早5天,每667平方米增产蒜薹20%左右。只此一项收入就能补足地膜的费用。覆膜后对植株生长都有良好的促进作用。冬前叶面积比对照多26.4%,返青后多25.7%,蒜瓣数目多0.34瓣,大瓣多5.3%,中瓣多7.2%,小瓣少12.6%;蒜头的产量比对照增加22.9%,每667平方米多收入近百元。

覆盖地膜的方法有两种,一是播种、灌水、喷除草剂后立即覆膜。采用0.012~0.015毫米厚的聚乙烯地膜,厚度不超过0.015毫米,膜面要绷紧,膜四周压入土中。只要地膜在畦(垄)面上绷得紧,蒜的芽尖就可顶破薄膜伸出膜面,有个别顶不破的通过人工破膜引苗出膜。另一种方法是播种后灌水、喷除草剂,待苗长至20厘米高时,约10月中旬,天气开始转凉,除草剂已充分发挥了它的作用,麦播工作已经完成,此时集中覆膜。在覆膜前如墒情差,先浇一水,中耕后再盖膜。覆时先把两头拉紧平铺在畦(垄)面,埋入土中,然后用一铁丝钩对准蒜株破膜钩出,整畦(垄)完成后,再把两侧拉紧开沟埋入土中。这种方法铺膜、掏苗集中一次完成速度很快,比较省时省工。

8. 田间管理 大蒜的生长发育分为6个时期,其中前5个时期是在田间度过的,最后一个休眠期是在贮藏过程中完成的。根据各个生长发育时期对环境条件的要求,通过栽培手段予以满足,使植株生长健壮是获取大蒜优质高产的关键。根据笔者对苏联红皮蒜在河南许昌(北纬34°)秋播条件下所做的生长发育观察并结合田间管理分述如下。

(1)萌芽期(9月下旬至10月上旬) 从9月下旬播种到初生叶出土历经10~13天。大蒜先发根、后发芽。该期的生长中心在根上。完全依靠种瓣中贮存的营养供给长根、发芽、展叶来完成萌芽期。田间管理应该创造有利于发根和根系伸展的条件。要求土壤水分充足,播后立即灌水,但不能积水。要求土壤疏松透气,有利于根的扩展,因此,播种前犁地要求不少于20厘米深,有利于根系生长。幼芽顶不破地膜的要人工帮助破膜引苗出膜。

(2)幼苗期(10月上旬至3月下旬) 从初叶期展开到花芽(花、气生鳞茎、薹的原始体)、鳞芽(蒜瓣原始体)开始分化,叶片分化完毕总叶数不再增加为幼苗期。经历冬前生长、越冬和春季返青3个阶段。苍山蒜、苏联红皮蒜历经170~175天,但由于苗小气温低,生长量很小。绝对生长量3.38~3.94克,日平均增长量0.2~0.23克。据观察,苏联红皮蒜退母期(种瓣的蒜肉养分耗尽干缩)在播后65天即12月初,苍山蒜在3月中下旬。根据陆帼一在陕西杨凌观察,秋播大蒜不同品种幼苗期长短有较大差异。9月中旬播种的早熟品种五风蒜、金堂早蒜、二水早等花芽、鳞芽分化11月底即完成,幼苗期很短。

大蒜的幼苗期是在冬季度过的,因此如何保证幼苗的安全越冬,保证明春尽快返青,关键是为幼苗越冬提供一些条件。晚秋要根据土质和墒情灌水1~2次,如果底肥量偏小,还可顺水冲入或结合行间中耕每667平方米施入复合肥10千克。12月份上冻前可灌一次冻水,使土层内有足够的水分,保证幼苗安全越冬,防止干叶、死苗。在北部冬季比较寒冷的地区,灌过冻水后可在畦面盖一层草粪或麦秸保墒、增温。春播地区大蒜幼苗期长短不同品种之间也有差异,一般在30天左右。幼苗期短,退母快,幼苗由异养很快就过渡到自养阶段,再加上春季升温快,如若土壤养分、水分不足就会因缺水脱肥出现抑长现象。所以春播大蒜应当结合当地春季气温变化状况抓好早追肥、早浇水、勤中耕以促苗生长。

(3)花芽、鳞芽分化期(3月中旬至3月下旬) 从花芽、鳞芽分化到结束,对低温反应不敏感的苍山蒜、苏联红皮蒜、宋城白蒜等中熟品种当展开叶达到7~8片时,生长锥开始花芽分化,随后内层1~3叶腋处鳞芽分化;而早熟的二水早等品种展开叶6片时,花芽和鳞芽开始分化。花芽和鳞芽分化期仍然以叶面积扩大为主。约10天其绝对生长量达2.25~2.61克,日均增长量为0.23~0.26克。此时气温已经开始转暖,大蒜进入返青期,植株已经完全进入自养阶段,应当早浇返青水并随水每667平方米冲入尿素10~15千克,为叶面积的迅速扩大和根系第二个生长高峰的到来提供足够的营养。灌过返青水后浅中耕保墒提高地温。春播大蒜花芽、鳞芽分化发育期短,水肥管理更要跟上,如养分、水分跟不上,就会影响叶面积的扩大和根系的生长,并直接影响到大蒜和蒜薹的质量和产量,甚至会因植株长势过弱,形成独头蒜。

(4)蒜薹伸长期(3月下旬至5月上旬) 从花芽分化结束到蒜薹伸出"打弯"收获,历时32~35天。此期叶片全部展开,叶面积增长迅速,4月中旬蒜薹生长速度加快,生长中心转到薹上,但叶面积继续扩大。该期是大蒜一生中生长量最大的时期,绝对生长量为15.36~17.24克,日增长量为0.48~0.5克。秋播地区此时温度、日照已经进入大蒜生长的最适时期,也是水肥管理最为关键的时期。在这段时间内要根据土质、肥力状况抓紧追肥、灌水,保证畦(垄)面不干,把叶片的生长促上去,为蒜头生长打好基础,也为提高蒜薹产量创造条件。春播大蒜因生长期短,花芽、鳞芽分化后气温也进入大蒜生长的适宜期,更应肥水齐攻,才能夺取优质高产。

(5)鳞芽(蒜头)膨大期(5月上旬至5月下旬) 收薹后顶端优势消除,叶片生长逐步趋于停止,此时养分集中攻蒜。据测定,蒜头重量的85%是在收薹后20多天内形成的。大蒜膨大期要注意灌水，经常保持畦(垄)面不干，可以不追肥。如发现叶片色浅，可在收薹期间每667平方米追施尿素10千克，以防缺肥叶片早衰，影响蒜头膨大。收获前5天停止灌水。

大蒜一生中要发根、长叶、抽薹、长瓣，这4个部分既相互依赖又互相矛盾。没有发达健壮吸收力强的根系，难以长成茁壮的叶片。叶面积小，蒜薹、蒜头又难以高产。因此，根是基础，幼苗期通过管理把根的生长促上去，打好基础建立起强大的吸收器官，翌春根系更新、继续扩大，为返青后的叶片生长提供充足的养分和水分。只有叶面积大，群体结构合理，叶片作为“源”的光合性能提高，才能积累更多的干物质贮藏到作为产品的蒜薹、蒜头的“库”中。所以根据大蒜的生长发育规律，结合当地的季节变化，抓住根，促进叶，才能薹粗、头大。

9. 收获 分为蒜薹收获和蒜头收获两部分。

(1)蒜薹　蒜薹伸出叶鞘并顶端稍打小弯呈半圆形下垂时即可收获。采薹不仅是一次产品的收获，也是关系到蒜头能否增产的一项重要工作。及时采薹后可以尽早地改变大蒜植株体内养分的流向，加速蒜头膨大，若采薹过晚，既浪费了养分，又降低了蒜薹的品质，使蒜薹变得又粗又硬、纤维增多、品质下降，更影响到蒜头的膨大，因此，采薹掌握住适宜的“火候”非常重要。秋播的温和区采薹时间：早熟品种在4月中旬前后，中晚熟品种在5月上旬，在温暖的南方可提早到3月；春播区采薹时间多在6月中下旬至7月。

蒜薹长得过粗、过长难以抽出，绝大部分要断在叶鞘内，并继续吸收养分加粗生长。在生产中有人为了采收粗、长的蒜薹，采取了从假茎基部向上纵剖割开叶鞘，把薹取出的这种“开膛破肚”法，蒜薹取出后，植株随即倒伏，叶片相互重叠，输导组织也遭受损伤，光合作用受到强烈抑制，最终导致蒜头变小减产。采取这种剖茎取薹法，蒜薹的产量虽高，但蒜头质量下降(表4-8)。

表 4-8 苍山大蒜不同取薹方法对蒜头产量的影响

处理方法	蒜头		蒜薹	
	单头平均重（克）	比对照减产（%）	蒜薹平均重（克）	比对照增减（%）
纵剖茎取薹	36.3	26	33.3	66.6
断　薹	41.7	15	10.0	－50
正常取薹	49	—	20	—

正确的取薹方法应该在取薹前 5～7 天停止浇水，于上午 10 时后温度尚高时，蒜薹刚开始伸出叶鞘后，打小弯时用力猛向上提（此法对于部分属于苏联红皮蒜类型蒜薹短细的品种可以拔出）。如果仍然难以拔出，可以从假茎中部即倒数3～4 叶处用针划破把薹取出，此法虽也属于剖茎，但因部位较高，假茎仍呈直立状，避免了叶片的倒伏。采薹时要尽量保护功能叶，尤其是最上部的 1～2 片叶片，此时生理功能最强，对蒜头的膨大影响作用最大，如果收薹时随意掰掉，将会严重影响蒜头产量。

（2）蒜头　秋播温和区蒜头的收获时间早熟品种在 5 月上中旬，中晚熟品种在 6 月上中旬，宋城大蒜在河南种植面积占 90%，蒜头收获在 5 月下旬收麦前；苍山蒲棵蒜在 6 月上旬。温暖的南方最早的在 3 月，一般在 4～5 月初；春播寒冷区一般在 7～8 月，最晚的晚熟品种可延迟到 9 月初。大蒜成熟的外观表现为底叶枯黄，中部叶片开始落黄，这就证明蒜头已经基本上成熟。宋城大蒜属头用品种，最明显的成熟外观表现为“倒伏”。收获早，蒜头幼嫩，含水量高，蒜肉不充实，贮藏期间外皮易发皱；收获晚，蒜头外皮易腐烂脱落造成散瓣。

收获时为减少损伤蒜头，最好用铁叉轻轻一掘，松动土壤，然后即可用手拔出。起出的蒜应每畦排成一行，然后用刀或果树修枝剪把根切（剪）掉，既清洁美观又有利于水分的向外散失，促进蒜头尽快干燥，利于贮藏。大蒜切去根后可就地晾晒，即把后一排的蒜叶搭在前一排的蒜头上，一排排摆放好，只晒叶不晒头，在晾晒过程中，蒜叶、假茎中剩余的养分还可缓慢地流向蒜头称为"后熟"。在田间晾晒2～3天后，运到树荫下等凉爽处，蒜叶朝里，蒜头朝外，码成直径1.5米、高1.5米的圆垛进行"阴干"，在"阴干"过程中有利于蒜皮内剩余的养分流向蒜头，使蒜头更加充实，硬度更大，重量增加，这本身也是一个"后熟"过程，遇雨要加盖防雨膜，待蒜头外皮干燥呈膜状，即可剪下蒜头装篓或网眼袋进行贮藏或外运。实践证明，收蒜后这种晾晒处理方法，比马上把蒜头剪下来晾晒效果要好。

(二)蒜苗生产

蒜苗是以洁白的假茎(叶鞘)和幼嫩的叶片为产品。在温和和温暖的大蒜秋播区7～8月份播种的早熟品种，冬前或初春上市的蒜苗称为早蒜苗；9月下旬与蒜一同播种，翌春4月份上市的蒜苗称为晚蒜苗。蒜苗分为露地栽培与保护地栽培。

1. 露地栽培

(1)*重施底肥*　用于蒜苗栽培的优良品种一般种瓣都小，自身贮存的营养少，"退母"早，且种植密度大，是大蒜栽培密度的3～4倍，因此，只有上足底肥才能使小蒜瓣长成粗壮的大蒜苗。整地前每667平方米施优质有机肥3000千克、磷酸二铵40千克、氯化钾25千克，犁地时翻入土层，耙平做成130～170厘米的平畦。

(2)*选好品种*　用做蒜苗的优良品种，一般应选择早熟种、长势强、长得快、叶片宽厚、假茎粗而长的品种。做早熟栽培的还应具备耐热的特点。早蒜苗栽培在秋播区大面积采用的品种有：软叶蒜、二水早、金堂早蒜、蔡家坡红皮蒜、普陀蒜等；晚蒜苗品种多数与当地大蒜主栽品种相同，一般是大蒜播种后剩下的蒜做蒜苗用种，如苏联红皮蒜系列的品种多是各地晚蒜苗用种。春播区适宜做蒜苗栽培的有:白皮狗牙蒜、阿城紫皮蒜、格尔木白皮蒜等。

(3)密度适中　衡量蒜苗的质量高低,可从植株的高度和粗度来判断。为了提高蒜苗质量,除施足底肥外,在密度上要防止过稠,影响个体发展。一般每 667 平方米 9 万~10 万株为宜。

(4)播种　播种方法有 2 种。一是平畦撒播,把蒜种先撒到畦内,然后按 8 厘米见方摆一瓣,并按入土中约 3 厘米,随即用邻畦的土再撒入 10 厘米厚,灌水后隔 2 天覆盖 5~6 厘米麦秸保墒降温,促进早出苗。另一种为开沟播种法。用 13 厘米行距的多行开沟器,开 12 厘米深的沟,按 4~5 厘米在沟内摆播后用耙子背平沟覆土,灌水后,隔 2 天覆盖麦秸。

晚蒜苗播种方法同上,只是因 9 月下旬才播种,此时高温期已过,土温已进入大蒜适宜长根发芽期,播后不需覆盖麦秸。

(5)田间管理　夏季播种的蒜苗因气温高,畦面虽覆一层麦秸降温保墒,但还需注意灌水,保持土层内有足够种瓣长根发芽所需的水分。20 余天后种芽穿过麦秸层陆续出土,大约 1 个月后才可齐苗。进入 9 月中旬气温进入蒜苗生长的适温期,可结合灌水每 667 平方米施入尿素 15 千克,以后就不能缺水,以促快长。晚蒜苗 10 月中旬齐苗,根据天气状况冬前灌 2~3 次水,12 月下旬灌 1 次封冻水,翌年 2 月底灌返青水,并顺水每 667 平方米冲入尿素 15 千克。进入 3 月即不能缺水,以促快长。

(6)收获　夏季播种的早蒜苗 10 月份开始少量收获,11 月份进入大量收获期。一般每 667 平方米收获 3 000 余千克。如若打算延后上市,可在冬前隔畦收获,腾出 1 米宽的背垄(走道)在延后供应畦上扎拱、覆膜保护越冬,根据市场需要可随时上市。晚蒜苗一般在 3~4 月份上市,上市越晚产量越高,但质量变差。一般 4 月初上市者每 667 平方米可产 3 500~4 000 千克。

2. 保护条件下的栽培

(1)大棚和拱棚栽培　蒜苗耐寒强,利用薄膜覆盖栽培主要在冬季气温开始降至0℃以下时，扎拱覆盖膜予以保护，防止过低温度的危害。另外，在薄膜覆盖下晴天棚温可达到20℃以上，仍可进行缓慢生长。如果遇到-7℃以下的低温，中拱棚外夜间还需加盖草苫保护，大棚内需用薄膜进行多层覆盖。

(2)温室栽培　利用温室前沿温度较低的低矮空间或靠近后墙的地面和立体空间搭架，上摆10厘米高的塑料平盘进行青蒜苗栽培以充分利用空间。具体做法是，把蒜整头播种在温室前沿，头头紧挨，空间用小蒜瓣塞满。因为这种密集型青蒜生产完全靠蒜瓣中自身所贮存的营养来完成，所以一般不需要施肥，只要水分充沛，一般20余天苗高长到20~25厘米即可收割头刀，半月后又可收第二刀，收三刀后蒜瓣中营养消耗殆尽、干缩，生产结束。平盘生产为了减轻重量，盘中不需加土，只要把蒜头、蒜瓣挤紧不留空隙，保证水分即可。

(3)室内种植　冬季利用室内温暖的空间，把已开始发芽或蒜瓣已开始变软，食用价值大大降低的蒜头或蒜瓣整齐紧紧地排在一个外沿高8~10厘米的盘子里(也可选用塑料容器)，只要保证盘内经常能保持2~3厘米高的水面，温度在20℃左右，20余天苗子可长至18~20厘米高时，即可收割头刀，半月后还可收二刀，连收三刀后弃之。冬季在室内种几盘蒜苗，郁郁葱葱很有生气，既点缀了环境，又饱了口福，可以说是一举两得。

(三)蒜黄生产

蒜黄是利用蒜本身贮藏的营养，在适宜温度和水分下，在完全黑暗的环境下，进行的一种大蒜软化栽培。蒜黄生长期短，从栽种到2~3刀收完，不足两个月，从栽种到收获头刀只需20余天。蒜黄生产因属于高密度集约化栽培，因此，占地面积小、收益高，不施用任何肥料，不喷洒任何农药，可以说是一种名符其实的无公害食品，更适宜家庭生产。因此，它也可作为庭院经济中的一项内容。

另外,城市家庭冬季利用室内温度,与生产蒜苗一样,其两者差别是生产蒜黄需完全遮光。

1. **生产季节** 每年从9月份至翌年1月份均可生产,一般以冬季生产的产品因需求量大,市场价格高。1月份以后因多数常温下贮藏的大蒜,蒜肉养分耗尽、干瘪,虽也勉强可利用,但价值很低。经辐射处理后的大蒜因种芽已被损坏不能做种。冷库中贮藏的大蒜可以做种,但价格较高。不过只要市场蒜黄缺、价高,12月份以后利用冷库低温贮藏蒜进行蒜黄生产也是一种好办法。

2. **栽培方式** 蒜黄生产从秋末一直可以生产到春季,尤其是元旦、春节需求量大,因此,生产者可围绕这两个节日,并且注意调查日常市场的需求动态来科学地安排自己的生产。

(1)日光温室生产 利用日光温室冬季温和的室温进行生产。方式有3种:一是地下式。即在温室靠东、西山墙处根据所需面积,下挖150~200厘米深的坑,坑中部留出1个高20厘米、能够供人操作的小高台。二是半地下式。即下挖30厘米深,整平池底,再用挖出的底土在池四周筑成30厘米高的埂。三是地上式。即在地面上用砖在畦四周砌成高50厘米的埂,然后在顶部扎架上覆草苫遮光。

(2)中拱棚生产 中拱棚的增温效果没有日光温室好,如果在中拱棚内下挖50~60厘米深,池底铺10厘米厚的麦秸上覆薄膜做为隔热层,上再铺设地热线,线与线间距4~5厘米,线上再覆5~6厘米厚的细沙待播种。蒜池顶部棚架加盖遮光物。夜间棚外加盖草苫防寒保温。

(3)井窖生产 选择地势高、地下水位低、土质粘重、不易坍塌的地方挖窖。窖形似坛(图4-1),即口小肚大。口小可减少外界低温影响,肚大可扩大种植面积。窖口直径0.7~1米,深2米以上。窖底平面呈圆形,直径大小随土质而定,土质疏松的直径可到2米,土质紧实的,尤其是粘土地直径可扩大到3米,窖底中间留出一直径60厘米、高20厘米的土台,便于操作人员入内工作。

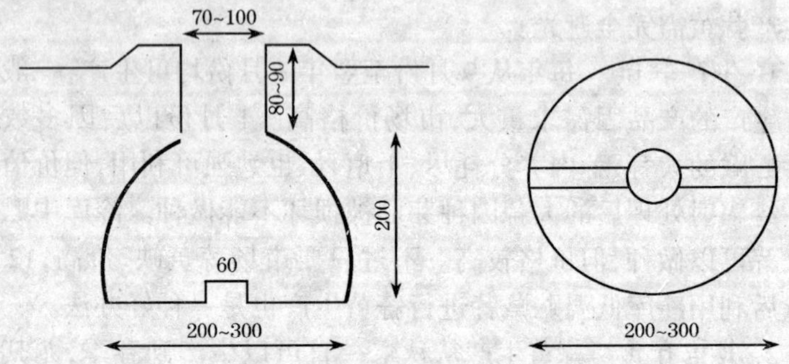

图4-1 蒜(韭)黄栽培井窖 (单位:厘米)

(4)窑洞生产 丘陵山区利用窑洞良好的保温和遮光性进行蒜黄生产,投资少,管理方便。

①囤蒜 蒜黄生产是依靠蒜瓣内养分,在无光条件下进行生产,因此,无需施用任何肥料。生产时只需在蒜池底部铺3~5厘米厚的细沙并喷水使之全部湿透即可。囤蒜前将选出的蒜头用清水浸泡24小时,使蒜头吸足水分,然后把蒜头掰成两半,去掉老茎盘,一个挨一个把蒜头紧紧地排在蒜池内,头与头之间的空隙用蒜瓣填住,再用木板下压,上盖3厘米厚细沙,然后用喷壶喷水,水量稍大些,以淹没蒜头为宜,水下渗后顶部再盖1厘米厚细沙。一般每平方米用种量15~20千克。囤蒜要紧,可以充分利用面积,囤的要平,即蒜头顶部要平,便于收割。

②囤后管理 蒜池温度能经常保持在15℃,以20℃为宜。温度高长得快,味淡、叶长而薄;温度低,长得慢甚至不长。囤后除第一水要浇透外,根据土质的渗水性要经常保持蒜床的湿润,要掌握温度高勤浇,温度低少浇;苗小少浇,苗大多浇。收前5天停止浇水,使蒜黄长得粗壮些。

③收获 蒜黄达30厘米左右即可收获。一般在温度保持

20℃左右的条件下,从囤蒜到收割头刀需25天,再过半个月又可收第二刀,大蒜瓣可收三刀,小蒜瓣收两刀,头刀产量最高,约占产量的65%～70%,二刀25%,三刀不足10%,产量低,质量差。一般1千克蒜种可生产蒜黄1.2～1.5千克。蒜黄收后可摊开在阳光下晾晒片刻,把水分蒸发,同时由淡黄转为金黄色,然后扎成小捆装箱上市。

(四)大蒜气生鳞茎(天蒜)的利用

大蒜抽薹后在蒜薹先端的总苞内着生花和气生鳞茎(天蒜)。开花期间小花受到在一侧天蒜的挤压和正值大蒜膨大期养分的争夺,使花器官中途因养分的不足而脱落,形不成种子。天蒜也属于无性器官,播种后可形成大蒜和蒜薹,它的形态与大蒜相同,它的性质如同种子。因此,在生产上有相当大的利用价值。

能形成蒜薹的大蒜都可形成天蒜,但不同品种所形成的数量、大小差异较大。据陆帼一(1992)对28个大蒜品种观察,少者每苞7粒,多者可达280粒;平均单粒重轻者仅0.01克,重者达1.43克。在一个总苞内天蒜数越多,单粒重越小,利用价值就越低。据笔者(1983)观察,苍山蒜每苞平均粒数23.5粒,平均单粒重0.34克,单粒重在0.3克以上的占51%;而临颍黑苗蒜每苞平均粒数92粒,平均单粒重0.06克。因为粒小播种后出苗率仅27%,苍山蒜出苗率平均达80.1%。从表4-9中看出,在天蒜利用中选用大粒天蒜做种,由于养分含量多,物质基础好,其后代各个性状都会提高。

表 4-9　天蒜不同粒重对大蒜性状的影响　（苍山大蒜）

天蒜粒重（克）	密度(万粒/667平方米)	出苗率（%）	大蒜重（克）	大蒜横径（厘米）	有薹分瓣		无薹分瓣		独头蒜所占比例（%）
					平均瓣数	所占比例(%)	平均瓣数	所占比例(%)	
大粒 > 0.5	10	88.5	14.5	3.27	5.73	88.3	2.33	5.0	6.7
中粒 0.5~0.3	15	83.5	8.97	2.57	5.42	20.0	2.76	41.6	38.3
小粒 < 0.3	20	68.5	4.83	2.08	0	0	2.67	35.0	65.0

苍山蒜每个总苞平均有天蒜 23.5 粒，按每 667 平方米种植大蒜 3.5 万株和天蒜可利用率以 70%计，则每 667 平方米可收获有利用价值的天蒜 58 万粒，若以每 667 平方米播 8 万粒天蒜计，当年所收天蒜即可播种 4 800 平方米。留天蒜对地蒜分瓣无影响，苍山蒜每头平均为 7.6 瓣，每 667 平方米种植 3.5 万株，可做种率为 95%，则可收地蒜 24 万瓣，当年可播 4 574 平方米。由于不留天蒜植株，其地蒜分瓣数与留天蒜株相同，因此，二者比较，留天蒜者每 667 平方米所留的种子(地蒜加天蒜)当年的繁殖面积可较不留天蒜者多种 4 800 平方米，增加率为 105%，这对于迅速扩大良种面积，减少由于长途运输所增加的费用具有重要意义。尽管留天蒜株，每 667 平方米当年少收蒜薹 300 ~ 350 千克，地蒜的横径也会减小 16.4%、单头重下降 33%，商品性降低，总产量下降，收入减少，但从良种的迅速扩大所带来的经济和社会效益来看，留天蒜用于播种材料仍然是在生产中值得推广应用的一项措施。

四、运输和贮藏保鲜

(一)运　输

大蒜的远途运输和家庭存放要装在竹篓或网眼袋中，只有充分干燥，外皮已经完全呈膜状的大蒜才能装入通气性稍差的袋中贮藏。因为大蒜收获后虽经晾晒，外皮仍未完全呈膜状，内层仍不断向外散发水分，如果把这些未完全干透的蒜装入不透气的塑料袋或编织袋中，由于水分散不出来，袋内湿度过大，蒜皮就会发霉、变黑、腐烂而散瓣。因此，大蒜在贮运过程中一定要注意通气。

(二)贮藏保鲜

蒜薹和蒜头的生产季节性强，收获期集中，如不采取有效的贮藏保鲜方法，蒜薹的供应期只有月余时间，蒜头的供应期也不足半年，远远满足不了市场的需求。因此，对一季收获需全年供应的大蒜、蒜薹来说，做好贮藏保鲜，对扩大种植面积，促进大蒜的发展、调节市场余缺和增加产品的附加值有着非常重要的作用。

1. 蒜薹的贮藏保鲜 秋播区蒜薹的采收多集中在 4～6 月份，而 4 月份采收的早蒜薹主要作为市场销售，因价位较高一般不进行贮藏。大量的贮藏蒜薹是 6 月份，从中晚熟蒜棵上采收的蒜薹。目前效果最好、使用最为普遍的是一般冷库贮藏和气调冷库贮藏。

一般冷库贮藏是利用机械制冷系统控制库内所需低温。具体做法是，蒜薹采收后要及时运往整理车间，经过认真挑选，把有病斑、划伤、霉变及总苞已膨大变白的挑出，然后每 0.5～1 千克捆成一把，先在预冷库中预冷后装入篓内，每篓 15 千克，码垛在冷库内。垛与垛之间留有空隙以利通风。库温保持在 0℃左右，空气相对湿度保持在 90%以上。这种方法简单易行，但贮藏时间稍短，一般百余天。

气调冷藏是降低环境中氧气含量，适当提高二氧化碳的含量，并配合低温，对蒜薹的呼吸作用起到抑制作用，使它的呼吸强度降至最低点，以减少自身养分的消耗，进而保证蒜薹品质与风味不降低。

气调贮藏可分为小袋贮藏与大帐贮藏。小袋贮藏是把经过挑选整理的蒜薹装在长100厘米、宽70厘米、厚0.06～0.08毫米的聚乙烯薄膜袋中，每袋10～15千克，袋口扎紧后摆放在冷库的货架上。库温要稳定在0℃，其变化幅度不超过±0.5℃。如果库温变化大，袋内形成大量雾气和水滴，二氧化碳溶于其中形成弱酸溶液，对蒜薹产生毒害作用，产生腐烂。所以对库内不同部位的温度要经常测定进行调控。袋内的湿度以出现薄雾状即相对湿度95%为宜。如袋内壁上出现水滴应该用消过毒的毛巾解开袋口擦干并短时透气，再扎住袋口。

调节袋内氧气与二氧化碳含量的比例也是能否贮藏好蒜薹的关键。一般贮藏袋内以氧含量2%～3%，二氧化碳10%左右为宜。蒜薹刚装入袋时，袋内氧含量高，随着蒜薹的呼吸消耗，氧气减少，二氧化碳增多，如果氧含量低于1%或二氧化碳高于15%，蒜薹都会出现伤害，变软呈现水烫状。因此，要定期测定袋内气体含量，当氧低于2%，二氧化碳高于12%时，就要解开袋口通风换气进行调整。一般每7～10天1次，每次4小时，并擦干袋内壁上的水汽，再扎紧袋口。每次调整后，袋内氧气在2%～20%之间变动；二氧化碳在1%～10%之间变动，在这种环境下可贮藏8～9个月，直至春节。

大帐贮藏是用0.15～0.25毫米厚的薄膜焊接成方形大帐，大小根据贮藏量而定。帐的高度比蒜薹的堆放高度要高出50厘米，以便封帐。帐的两侧面各设1个取气孔，平时关闭。在帐的两端各设一个直径20厘米的袖口状换气孔，两孔高度相差100厘米，便于对流换气，平时扎口封闭。把经过严格挑选、预冷后的蒜薹扎成捆放在帐内底部垫有薄膜的货架上或筐里。垫底的薄膜上撒一层消石灰(氢氧化钙)，用量为蒜薹存放量的0.25%，便于吸收帐内过量的二氧化碳。帐的四周压紧。大帐内氧气含量要求2%～5%，二氧化碳为2%～8%。帐内过多的二氧化碳可通过消石灰来吸收,因此,消石灰要经常更换。还要适时打开袖口式通气孔进行气体交换来补充帐内氧气的不足,每次 10~15 分钟即可。

2. **蒜头的贮藏保鲜** 民间的大蒜贮藏多采用收获后扎成蒜辫,挂在屋檐下背雨处。量大可在院内搭防雨棚,在棚内挂藏,冬季为防冻再移至屋内。这种传统的存放方法,一般如苏联红皮蒜系的一些品种 9 月初自然休眠期已通过,10 月份幼芽有的已伸出出芽孔,并且蒜肉的硬度逐渐降低,肉色开始泛黄,到 12 月份蒜肉萎缩已无食用价值。为了解决这一问题,在 20 世纪 80 年代,我国在大蒜贮藏中推行了使用辐射源钴 60(^{60}Co)放射出的 γ 射线来照射蒜头,抑制芽的生长并取得了很好效果。根据河南省辐射中心对宋城大蒜收后照射,剂量为 80~600 戈瑞,贮藏到翌年 1 月保鲜效果很好,在常温下可贮藏到翌年 3~4 月份不发芽。通过辐照后芽子虽不发,但在常温贮藏条件下,蒜肉本身的呼吸自身消耗仍然存在,所以随着贮藏期的加长,蒜肉仍会变软质量下降。

低温冷库贮藏是近十余年来大蒜产区迅猛发展起来的一种贮藏大蒜的先进方式,它在延长供应期的同时,还保证了品质。冷库贮藏方法同蒜薹贮藏基本相同,库中温度控制在 -1℃ ~ -2℃,空气湿度控制在 70% ~ 75%,适宜的氧含量 3% ~ 4%,二氧化碳 5% ~6%,在此条件下,保鲜期可达 9~10 个月,接上早熟蒜上市。

五、大蒜生产中易出现的生理障碍

(一)二次生长

二次生长是大蒜生长过程中出现的一种特异现象,即非正常状态。发生二次生长的大蒜对其种性虽无不良影响,但由于蒜瓣排列无序,蒜头形状不正,出现奇形怪状,给大蒜的外观质量带来影响,甚至出现散瓣、百合瓣,达不到出口要求,在国内也只能在集市上以残次品销售,使蒜农经济受到极大损失。二次生长在国内大蒜生产中经常看到,在国外的大蒜生产国也并不罕见,因此,它是一个大蒜生产中带有普遍性的问题。

从大蒜生长发育特点来看,正常的生长进程是当蒜瓣发芽长成幼苗后,这时已分化出10余片叶。越冬时通过低温诱导,生长点分化为花芽(蒜薹、气生鳞茎原始体),并在靠近生长点的第一至第二片叶的叶腋中先后分化出鳞芽(蒜瓣原始体)。在鳞芽发育过程中,其外层鳞片中的养分转移到内层叶(贮藏叶)形成蒜瓣,外层鳞片成为膜状的保护叶(蒜皮),蒜肉内部还具有5~6片幼苗叶。随着蒜瓣的不断膨大,保护叶、幼苗叶即进入休眠状态。

从植物学形态来讲,大蒜(蒜头)是一个短缩茎,在短缩茎的茎盘上的每个叶腋中都有产生鳞芽(侧芽)的能力,但由于顶端优势的作用,或品种间的差异,只有在靠近生长点顶端的1~2层内(有些品种可达3~4层)的侧芽才能形成蒜瓣,其余的侧芽呈不萌发的潜伏状。以上属于正常生长,也叫初级生长。大蒜初级生长形成的初级植株,本应进入休眠状态,但由于受到异常环境条件的影响,又重新进入生长状态,出现二次生长现象。

1. 分类　陆帼一等将大蒜二次生长分为3类。

(1)外层型二次生长　大蒜植株外层叶腋中萌生1至数个鳞芽,并进而分化长成新的植株,形成独瓣蒜,或无薹的分瓣蒜,甚至少数有薹的分瓣蒜。结果在主蒜头的外围着生一些排列无序的小蒜头或蒜瓣俗称"背娃"。外层型二次生长造成整个蒜呈现畸形,商品价值大为下降,对质量影响最大。

(2)内层型二次生长　在植株内层叶腋中的鳞芽生长锥分化的叶片(鳞芽保护叶)未能进入休眠状态,而是继续伸长生长,有的从叶鞘口伸出一些狭长的叶片,群众称为"蒜尾巴",有的隐藏在叶鞘内未能伸出。如果把假茎纵剖开,可以清楚看到这些"蒜尾巴"都是由包被蒜肉的蒜皮伸长而成的。内层型二次生长可以发育成正常的蒜瓣,少数还可长成有薹的分瓣蒜。轻度的内层型二次生长对蒜头的外形影响不大,严重者蒜薹变短、蒜瓣排列松散,蒜头开裂。

(3)气生鳞茎型二次生长　蒜薹总苞中气生鳞茎延迟进入休眠而继续生长形成小植株。极个别的还可抽生细弱的蒜薹。气生鳞茎二次生长型发生的几率很低,对蒜头的商品性影响也不大。

2. 二次生长发生的原因　经研究和生产中观察,二次生长的产生主要与蒜种贮藏期间的温度,或大蒜生长期间的环境条件有关。另外,在同样的贮藏条件和生长环境下,二次生长发生的轻重和出现的类型不同,这又与品种本身的遗传性有关。

(1)品种　郭赵娟(2002)报道,以中牟早熟蒜、宋城大蒜、苍山蒜为材料经0℃～4℃的低温处理不同天数,中牟早熟蒜二次生长发生重,处理时间超过72天,出苗时间延长(处理82天,播后25天出苗率达15.1%,缺苗严重,说明低温抑制作用很强),所出幼苗低矮长势很弱,二次生长发生率相对来说较低,蒜薹和蒜头都难以形成商品产量(表4-10)。

表4-10　大蒜不同品种播前不同时间的低温处理对二次生长的影响

品种	处理(天)	二次生长发生率(%)			二次生长指数	
		二次生长发生率	外层型	内层型	外层型	内层型
中牟早熟蒜	对照	31.1	0	31.1	0	0.092
	10	6.1	0	6.1	0	0.025
	26	20.3	0	20.3	0	0.067
	41	65.7	32.8	32.8	0.117	0.109
	57	100	93.8	43.8	0.542	0.150
	72	39.7	24.1	27.5	0.133	0.108
	87	4.4	0	4.4	0	0.333
	102	21.1	13.2	7.9	0.017	0.067

续表 4-10

品种	处理（天）	二次生长发生率（%）			二次生长指数	
		二次生长发生率	外层型	内层型	外层型	内层型
宋城大蒜	对照	33.9	0	33.9	0	0.117
	10	28.9	0	28.9	0	0.167
	26	47.2	0	47.2	0	0.250
	41	26.1	0	26.1	0	0.092
	57	49.8	2.6	49.8	0.008	0.150
	72	96.7	47.2	91.7	0.217	0.450
	87	80.5	4.9	80.5	0.017	0.480
	102	89.8	0	89.8	0	0.558
苍山蒜	对照	2.6	0	2.6	0	0.017
	10	12.5	0	12.5	0	0.083
	26	10	0	10	0	0.058
	41	2.5	0	2.5	0	0.017
	57	13.1	0	13.1	0	0.033
	72	39.0	0	39.0	0	0.142
	87	40.2	0	40.2	0	0.217
	102	22.5	0	22.5	0	0.133

宋城大蒜内层型和外层型都有，但以内层型为主，对蒜头质量影响较小；苍山蒜只发生内层型二次生长。由以上处理可以看出宋城大蒜、苍山蒜蒜种耐低温能力强。1999 年河南睢县大吉屯乡购买由冷库中贮的保鲜蒜（－1℃～－3℃）中牟早熟蒜和宋城大蒜做种蒜种植后，翌年 5 月上中旬田间调查，中牟早熟蒜二次生长严重程度可达 90%以上，蒜头小而开裂，外层型二次生长占较大的比例，所收大蒜基本上没有商品价值。但同样在冷库中贮藏的宋城大蒜二次生长率虽也在 80%，但绝大多数为内层型，畸形蒜头

所占比例少。又据庞明德等(1998)报道,河北永年县以收蒜薹为主的早熟白皮蒜,比以收蒜头为主的红皮蒜二次生长发生几率高,在不同年份前者发生率在20%~95%,后者在10%~30%。

从多地生产报道中也可以看出,早熟中牟蒜在反常的天气下,出现二次生长的几率比宋城大蒜、苍山蒜多。

(2)蒜种贮藏温度　蒜种贮藏温度对大蒜的二次生长有明显的影响。低温有促进二次生长的作用,尤其是在低温环境中,随着贮藏天数的增加,二次生长发生率也逐渐增多(表4-10)。但品种间对低温反应程度有明显差异,中牟早熟蒜对低温反应最为敏感,在低温处理41~57天中内层型与外层型二次生长均明显增加,超过57天出苗天数延长,苗子长势很弱,难以形成产量。宋城大蒜低温贮藏超过87天才会影响到正常出苗和苗子的长势,而且多数为内层型二次生长。苍山蒜对低温反应不敏感,抗二次生长能力强。

(3)气候条件　大蒜二次生长发生的轻重,不同年份往往有很大差异。多年观察到的规律是,在秋播区凡是冬暖年,植株在冬季也进行缓慢生长,花芽、鳞芽分化的早,再遇到倒春寒使已经分化的花芽、鳞芽受到低温的刺激,通过春化难以进入休眠继续生长。

(4)覆盖栽培　从实地调查大蒜在大棚和拱棚栽培中12月份盖膜,二次生长的发生率在80%以上。笔者曾在日光温室内秋播大蒜,翌春4月份二次生长率达到95%以上。覆盖栽培由于棚(室)内白天环境适宜大蒜生长,苗子长得快,花芽、鳞芽分化的早,夜间温度低,极易通过春化出现二次生长。

(5)播种期提早　近几年蒜区群众为了提早上市,播种期有相应提早的趋势。尤其是早熟品种,播种时休眠期早已通过,播后很快出苗,冬前生长期长,花芽、鳞芽提前分化遇早春低温极易发生二次生长。

(6)水肥条件　土壤水肥条件好,植株长势强,相对于水肥条件差的地块,二次生长要高。尤其是氮素化肥用量大,更利于二次生长的发生。

3. 防止二次生长产生的对策　衡量大蒜质量的标准一是蒜头大小,二是蒜头的外观整齐性。二次生长所形成的蒜头从大小到整齐性,市场都难以接受。尤其是外层型二次生长所形成的蒜头,形状不正更属于不合格产品。因此,防止二次生长发生,尤其是外层型二次生长的发生,是保证大蒜质量的关键,具体要抓好以下几个方面。

(1)选好品种　不同品种抗二次生长的能力不同。因此,可以通过多年种植经验了解不同品种对二次生长属于抗型还是易发型。尤其是对外层型二次生长的抗性更应了解清楚,因为该类型对蒜头的质量影响最大。如果目前所种的主栽品种属于二次生长易发型,可以通过引种试种确定后进行换种,这样可以争取时间加快速度。当然在确定品种时既选择对二次生长抗性强,更应该考虑到适合国内外市场要求的优良品种。

目前苏联红皮蒜系列的品种(宋城大蒜、金乡蒜、鲁农大蒜、徐州白蒜)和苍山蒜,既适合出口外销,也适宜国内市场销售,二次生长发生率也低,即使发生也多属于内层型,对大蒜的质量影响较小。

(2)掌握适宜的播种期　盲目提早播期是二次生长发生的原因之一。对易发生二次生长的早熟品种,更不能盲目提早,尤其在暖冬年情况下,二次生长更为严重。秋播区 9 月中下旬播种,越冬前长足 5～6 片叶、株高 18～20 厘米、假茎粗 0.7 厘米左右为宜。

(3)存放蒜种要避开低温　冷库中贮藏的保鲜大蒜只能作为食用商品蒜,不能作为以收获蒜头为主的种用蒜。不论哪种熟性的品种,都会随着低温贮藏时间的延长,长势减弱,二次生长加重,尤其是早熟品种更甚之,不但外层型所含比例大,收获的蒜头几乎没有商品价值。郭赵娟(2001)试验结果见表 4-11。

表 4-11 不同熟性大蒜在 14℃~16℃下贮藏 100 天二次生长状况

品　种	内层型	外层型	混合型
中牟早熟蒜	26.1	17.4	26.1
宋城大蒜	86.1	—	—
苍山蒜	2.3	—	—

大蒜收获后进入夏季，只要存放地环境干燥，放在室内挂藏或装入网眼袋中堆藏即可。也可在室外搭建防雨、防晒棚，在棚下堆藏或挂藏，只要雨水淋不着、太阳晒不着就可达到安全贮藏目的。也不要放在窑洞或红薯窖中存放。

(4)*以有机肥为主适当控制氮素化肥用量*　基肥采用以有机肥为主，适当配合氮磷钾三元复合肥。用化肥做追肥时忌多量氮肥单独施用。特别是返青期少施或不施速效性氮肥。尤其在水多氮肥足的情况下，植株生长过旺，二次生长的发生率也会高。

(5)*地膜覆盖不要过早*　地膜覆盖栽培在大蒜集中产区已经成为提高产量和质量的重要手段。但使用不当也是诱发二次生长产生的一个原因。在同样冬暖倒春寒年份，地膜覆盖的大蒜二次生长明显多于不覆盖的。因此，为了防止由于覆膜而引起的二次生长，覆膜时应注意以下几个方面。一是秋播区覆膜的要比不覆膜的在适宜播期内向后推迟 5~6 天，防止苗期生长过旺，鳞芽、花芽分化过早，翌春遇低温产生二次生长。二是播期不推迟，改播种后立即盖膜为晚盖膜，待蒜苗已经全部出土齐苗后，天气已开始转凉，于 10 月中下旬采取一次性集中盖膜掏苗。这种方法省工，也降低了二次生长发生率。另外，地膜覆盖的返青后要控制氮素化肥用量。

(二)管 状 叶

正常大蒜叶下部为闭合型叶鞘构成假茎，上部为狭长形的叶身。但在生产中经常发现一些不正常株，即在靠近蒜薹的第一至第四片叶处出现闭合式如同大葱叶的管状叶。管状叶出现在紧靠蒜薹的内1叶时，蒜薹被包裹在叶内难以伸出，限制了薹的生长，以后随着蒜薹的伸长，可以胀破管叶，但总苞的上部仍然套在管叶内。如果管状叶发生在内2叶上，管状叶套住蒜薹和正常的内1叶使它们难以伸出。如果发生在内3叶上，管状叶可套住蒜薹和1、2两个正常叶，依此类推。管状叶形成的叶位愈靠外，所套住的功能叶也愈多。这些新生的功能叶正是蒜薹伸长、蒜头膨大所需养分的主要供给者。因此，管状叶的出现对蒜薹、蒜头的生长都是极为不利的，会使蒜头、蒜薹的产量各减少约30%。每株一般只能出现一个管状叶。管状叶的形成与品种有关，中晚熟品种上较易出现，早熟品种上少见。有些年份苍山蒜管状叶发生率可达20%左右。据程智慧(1990)试验，管状叶株蒜薹长度减少27%、重量下降29.7%；大蒜横径减少11.2%、重量下降30.3%。及时划破管状叶，使蒜薹、蒜叶尽快伸出，可以消除其不良影响。管状叶还会使内层型二次生长株率增加，即使及时划开管状叶，也难以消除这种影响。一般认为管状叶的出现与蒜种贮存温度有关，低温下贮存的蒜种，其管状叶发生率明显高于一般自然条件下贮存者。另外，冬暖年倒春寒、播种期提前、种瓣大、土壤干燥等，也会促发管状叶的发生。

(三)干尖与黄尖

冬季和早春在蒜田中经常可以看到叶尖泛黄干枯，原因有以下几种。一是蒜瓣退母期养分供应不足，大蒜幼苗期养分来源很大一部分来自种瓣中贮存的养分，退母表明种瓣养分已经耗尽，植株由异养完全进入自养状态，在转换期可能会出现养分的“青黄不接”而产生叶尖泛黄或干尖现象。二是冬季干旱少雨雪，封冻水没及时浇灌，即使浇过封冻水，由于冬季地温低，根系吸水困难的情况下也会出现干尖、黄尖现象。三是土壤粘重，春季土温提升慢，地上部分已经进入生长，根系吸收力弱，形成上下脱节的不协调状况，也常常会出现黄尖、干尖现象。减轻干尖、黄尖的途径是冬季注意浇封冻水，保证土壤水分充足，浇水后注意中耕保墒提高地温。覆盖地膜是减轻黄尖、干尖的一项重要技术措施。加深土层促进根系扩展扩大吸收面积。

(四)蒜头开裂与散瓣

蒜头的外边应当有多层叶鞘紧紧地包裹着，使蒜瓣不易散开。如若包裹的蒜皮层数减少，蒜瓣就会由于生长而产生向外压力而胀破蒜皮开裂。另外，着生蒜瓣的短缩茎盘发霉腐烂而发生散瓣。造成蒜头开裂和散瓣的原因有以下几个方面。

1. **与蒜瓣生长膨大特性有关** 有些品种蒜瓣在膨大过程中生长不均衡，中下部过于肥大，蒜瓣间相互挤压，但由于受到茎盘的限制，外层的蒜皮承受不住这种向外的胀力，最后蒜瓣就会胀破蒜皮开裂，被胀破的蒜皮发霉腐烂，但蒜瓣仍然着生在茎盘上。开裂的蒜头因没有外层蒜皮的保护，稍一挤压触动容易散瓣。

2. **外层型二次生长的蒜头一般多开裂** 外层型二次生长的蒜瓣多发生在蒜头的外围且位置不定，这样就使蒜头形状不正，外层蒜皮也会受到一个不均衡的向外胀力而被胀破形成散瓣。

3. **土壤粘重、排水不良** 土壤粘重，排水不良易造成外皮、鳞茎盘发霉腐烂出现开裂或散瓣。

4. **成熟后遇雨或收获前浇水过晚** 不论是收前降雨或浇水过晚，尤其是排水不良的粘土地极易形成积水或墒情过大，这都会造成蒜皮和鳞茎盘腐烂而导致散瓣。

5. **收获过晚** 已经成熟的蒜头如不及时挖出，已经老朽的蒜皮和鳞茎盘就极易发霉腐烂出现散瓣。散瓣蒜给收获造成极大的困难。

6. **贮藏不当** 蒜头在存放前一定要充分晾干,再装入透气的网眼袋中。切勿把未充分晾干的蒜头装在不透气的塑料袋或编织装中,水分难以散失就易使蒜皮、鳞茎盘腐烂而散瓣。也不能在潮湿的地方堆放。总之,蒜头吸湿回潮,尤其在夏季气温高的环境下,外层蒜皮、鳞茎盘就易发霉腐烂而出现散瓣。

第五章　韭菜无公害高效栽培

韭菜属百合科葱属植物，为单子叶宿根多年生，是我国的传统蔬菜之一。由于它适应性广，既抗寒又耐热，在全国都可以种植。

韭菜的食用价值高，韭叶(包括叶鞘)是主要的食用部分，韭薹、韭花都是人们喜欢的食品。

韭菜的栽培形式很多。利用温室、大棚、中拱棚等保护覆盖形式，在寒冷的冬春季节可以收获到鲜嫩的青韭。春、夏、秋露地生产最为普遍。不同季节通过遮光栽培，还可生产出蔬菜中的精品——韭黄。采取间作套种还可充分利用土地增加收入。

韭菜风味辛辣，是人们习惯食用的一种蔬菜。韭菜中除含有丰富的蛋白质、维生素、矿物盐等人体所需的各种营养外，还是大家公认的高纤维素含量蔬菜。纤维素对人体没有什么营养价值，但可促进肠的蠕动，大便通畅，使排泄物中的一些有毒物质能够及时排出体外，减少了肠道中一些有害的致癌物质与肠粘膜的接触时间，降低了肠道疾病(肠癌)的发生。因此，一向被人们认为食物残渣的纤维素，今天被排在蛋白质、脂肪、碳水化合物、维生素、无机盐、水六大营养之后，被称为第七大营养。多食用含纤维素丰富的食物，今天已成为人们保护健康、减少疾病共同追求的一种时尚，也是人们膳食合理搭配的一种最佳选择。

一、类型和优良品种

(一)类　型

1. 叶用韭　以叶片和洁白的叶鞘为主要食用部分。该类型叶片宽厚肥大。青韭是食用其绿色和白色部分;韭黄是食用其黄色和白色部分。

2. **根用韭** 以肥大的根为食用部分。主要集中在我国西南山区。它的根肥大,具有韭菜的香辛味、脆嫩。冬季将肉质根挖出、洗净,加盐、糖、香料腌渍,风味极好。

3. **花用韭** 以采收韭菜花和花谢后开始灌浆的种子,采下后进行腌渍,是一种很好的食品。该类型叶片短狭,叶鞘短细,品质差,但花大、花多,适宜采花或采半花半籽的花序。

4. **薹用韭** 以收粗壮的韭薹为主。薹用韭的花薹粗而长,品质鲜嫩,风味佳。而且与一般韭菜最大区别是一年可以抽生数次薹。

(二)优良品种

1. **791 韭菜** 该品种由平顶山农科所于 1980 年育成。曾获国家科技进步二等奖。该品种株高 50 厘米左右。叶丛直立,叶片肥厚,平均叶宽达 1 厘米。叶鞘长而粗。平均单株重可达 10 克。分蘖力强,1 年生单株分蘖可达 6 个,3 年生可达 35 个。生长快、产量高,一般每年可收割 4～5 刀,每 667 平方米产量 5 000 余千克。该品种抗寒性强,在 －5℃～－6℃条件下,冬季地上部仍有绿叶,回秧回不净,在南方冬季仍可收割青韭。该品种无生理休眠特性,虽经低温,只要温度回升即刻萌发进入正常生长。根据这一特性,该品种适宜各种形式的保护地栽培,也是露地生产的一个良种,目前这一品种在全国各地都有栽培,尤其是北方广大地区,791 的种植面积可占整个韭菜面积的 50%左右。

2. **平韭 4 号** 由平顶山农科所育成。株高 50 厘米,株丛直立,长势旺盛。叶宽可达 1 厘米,叶长 35～38 厘米,每株 6～7 片叶,叶质细嫩,粗纤维含量少,品质好,外观商品性状优良。平韭 4 号分蘖力强,1 年生单株分蘖可达 7 个,3 年生可达 30 余个。每年收割5~6刀,每667平方米可产5000余千克。该品种抗寒性强,在月平均3.5℃的气温下,叶片日均生长量仍可达到0.7厘米。该品种无生理休眠特性,适合各种形式的保护地和露地栽培。

3. 豫韭菜1号(平韭2号) 由平顶山农科所培育而成。株高56厘米,株型较披展,叶色深绿,叶肉丰腴,叶片宽厚,背脊较显,叶宽1厘米左右,单株叶数6~7个,叶鞘粗0.8厘米,单株重7克左右。该品种分蘖力强,1年生单株当年分蘖数可达10个,3年生可达50个。株型丰满,商品性好,每667平方米产青韭6000余千克。

平韭2号冬季回秧早,抗寒性不及791。但由于回秧早,养分贮备充足,春季萌发早于791和平韭4号。该品种经过低温后进入自然休眠,在休眠期间若需冷量达不到一定要求,即使给予适温条件,萌芽力很差,生长势很弱,因此,该品种适宜大棚、拱棚完全回秧后再行覆盖栽培以及露地的常规生产。

4. 赛松 平顶山农科所培育的第一个韭菜一代杂交种。它是利用韭菜雄性不育系×自交系育成。该品种株型直立,叶簇紧凑,株高50厘米以上,叶长38~40厘米,叶片较平,宽大肥厚,平均叶宽1.2厘米,最大叶宽2.3厘米。平均单株重10克。1年生单株分蘖数8个,3年生可达40个以上。年收割青韭5~6刀,每667平方米可产5000千克。

赛松的耐寒性极强,冬季最低气温在-6.1℃下,生长虽非常缓慢,但日生长量仍可达0.7厘米,是目前韭菜品种中一个最抗寒的品种。该品种无生理休眠特性,因此,适宜各种形式的保护地和露地栽培。

5. 平韭杂1 平顶山农科所育成的韭菜一代杂交种。株高50厘米左右,株型半直立,叶簇稍开张,叶长40厘米左右,叶宽0.9~1.2厘米,叶色深绿,单株6~7片叶。平均单株重9克。最大单株重可达40克。1年生单株分蘖10个以上。年收割5~6

刀,每667平方米产青韭5000~6000千克,产韭薹1000千克。也是品质独特的薹用品种。该品种抗寒性弱,一般在12月上旬即回秧。耐热性较强,对灰霉病、疫病有较强抗性。适宜保护地回秧后覆盖栽培和露地常规生产。

6. **汉中冬韭** 陕西汉中地区农家品种。株高45厘米左右,株丛较直立,叶片平背,抗寒性强,长势旺,冬季回秧晚,春季返青萌芽早,没有自然休眠特性,因此,适合各种形式的保护地栽培和露地生产。

7. **山东独根红** 山东寿光黄马蔺韭菜品种中一个优良变异株系。株高50~60厘米,叶宽1~1.1厘米,叶色浓绿,辛辣味浓。长势强,分蘖力一般。经低温后有明显的自然休眠特性。因此,该品种适合冬季地上部完全干枯回秧后,再进行覆盖生产及常规的露地栽培。

8. **嘉兴白根** 原产于浙江杭州、绍兴、嘉兴一带,属地方农家品种,当地称为杭州雪韭。该品种株高50厘米,叶宽0.8~1厘米,叶片短而宽,叶色深。叶鞘挺直,叶片上举,株型紧凑,直立性强。长势强,生长得快,分蘖力强。年收割4~5刀,每667平方米可产青韭5000千克。该品种无自然休眠特性,适合于各种形式的保护地和露地栽培。

9. **西浦韭** 四川成都地方品种。株高40厘米左右,叶簇直立,叶色深绿,叶长35~38厘米,叶宽0.6~0.8厘米。长势强,分蘖多。每667平方米产青韭5000千克左右。该品种耐寒、耐湿性好,在南方可周年生产,在北方栽培冬季回秧,但回秧晚。西浦韭属于无自然休眠特性的品种,因此,适宜各种形式的保护地和露地生产。

10. **铜山早薹韭** 江苏省铜山县从当地韭菜品种变异株中选育出的薹用韭菜品种。它的特点是抽薹早、收薹期长。在河南进行薄膜覆盖栽培,从3月上旬开始抽薹,一直可延续到10月下旬,每年集中采收 3～4 次，还可同时收获青韭 2～3 次。每 667 平方米产青韭 1 000 余千克，产韭薹 1 500 千克。薹粗 0.4 厘米、长 45 厘米，单薹重 6 克左右，品质脆嫩，辛辣味甜，适宜保护地生产。

二、与栽培相关的几个重要生物学特性

（一）对温度和光照的适应性

韭菜属耐寒而适应性广的蔬菜，叶片能忍耐短期 －5℃的低温，经数次重霜后叶片才慢慢失水变软最后干枯，俗称回秧。入冬后随着低温的来临，叶片和叶鞘中的养分逐步下移，转入地下根和茎中贮藏起来，使根部的抗寒性大大增强。黑龙江省是我国冬季气温最冷的地方，最低温度可达 －30℃，冬季只有菠菜和韭菜可以露地越冬，可见韭菜的耐低温能力有多强。韭叶喜凉爽气候下生长，最适宜的生长温度为旬平均 15℃～24℃，在这一温度范围内韭菜的品质最好。旬平均温度高于 25℃时，生长缓慢，品质下降，商品性变差。

韭菜对光照强度的适应性较广，在强光下生长受到抑制，纤维增多、品质下降。在春、秋季中度的光照下适宜生长，有利于养分的积累。在弱光下生长瘦弱，分蘖少。如果在中度光照下，养分积累足以充实形成肥大、硬实的鳞茎（地下茎），在遮光的条件下，依靠贮藏的养分，在适宜的温、湿度条件下还可生产韭黄。

（二）分蘖与跳根

分蘖和跳根是紧密相连的一个事物的两个方面。分蘖是韭菜更新复壮的一种重要形式，分蘖的多少直接关系到产量的高低。其分蘖能力的强弱与品种、植株年龄、营养状况、种植密度有很大关系。

韭菜的分蘖属营养生长的范畴，当植株达到一定株龄后，首先是在靠近生长点一侧的上位侧芽，形成蘖芽。在分蘖初期，蘖芽和原有植株被包被在同一叶鞘内，后来由于分蘖的逐渐长大增粗，胀破叶鞘后发育成一个新的蘖株，具有独立的根茎，但仍以根茎与母株相连，未能脱离母株。这个新的根茎盘向上不断地伸长并分化叶片，通过低温诱导后还可形成花茎，根茎贮藏养分以供韭菜春季萌芽，根茎上并发生吸收根。随着分蘖的不断增多，下部老朽的根茎会逐步干缩变空而死亡。

春播 1 年生韭菜，在植株长足 5 ~ 6 片叶，养分已积累到一定量时，即可发生分蘖，每年分蘖 2 ~ 3 次，每次分生 2 ~ 3 个。因此，在营养条件好的状况下，单株韭菜一年可形成 7 ~ 8 个分蘖，多者可达 10 余个。在一年中以 4 月、7 月分蘖最旺盛。分蘖形成的多少，品种间差异较大。一般窄叶型品种分蘖较宽叶型品种多。分蘖与植株营养状况也十分密切，若播种晚，种的过密，收割次数多，水肥供应差等原因使植株体内养分不足，就会使分蘖次数和每次分蘖的株数减少，而在植株营养状况良好的情况下，则分蘖次数增加，每次形成的分蘖株数也增多(图 5-1)。

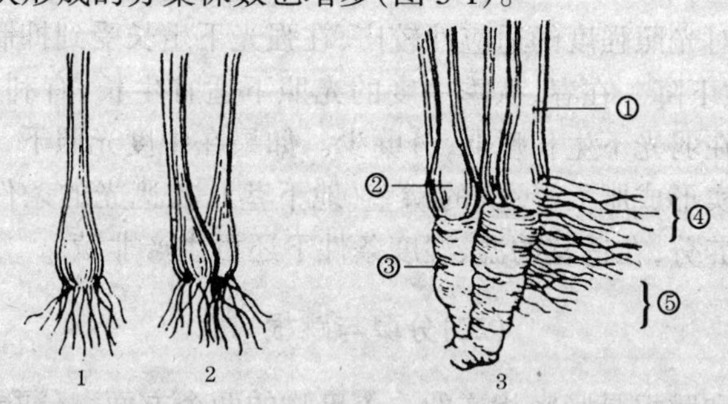

图 5-1　韭菜的分蘖和跳根

1. 1 年生苗，不分蘖　2. 1 年生苗分蘖　3. 多年生植株

①叶片　②鳞茎　③根状茎　④新根　⑤老根

韭菜的跳根是由于不断地分蘖所造成的。因为分蘖是在靠近生长点的上位芽,所以新形成的分蘖必然位于原来植株的上方。当蘖芽发育成一个新植株时,便从茎盘上长出新的根,而新根一定是出现在老根系的上方。这样,随着分蘖株有序地上移,着根的位置也不断地上提,促使新的根系逐渐接近地面,这就是韭菜的"跳根"。

韭菜每年根系上移的高度,取决于当年分蘖次数的多少。在一般栽培管理条件下,每年上移新根系高度约 1.5~2 厘米,若不能进行及时的培土护根,就易使根茎部外露,出现散撮、倒伏,甚至因得不到土壤的保护而干枯。所以生产上经常采用培土、铺草粪来加厚土层护根,但当韭菜封垄后取土困难,所以目前生产上采用的办法是定植时深栽,3~4 年后毁掉重种。也可把老韭根掘起,剪去老朽根茎,掰开分蘖,重新定植。

(三)休眠问题

以前韭菜绝大多数作为露地回秧后栽培,冬季低温来临,叶内养分下移,最后地上部干枯回秧。翌春气温回升后萌芽、长叶。从冬季回秧到春季萌发通常习惯称为韭菜的休眠期。自 20 世纪 80 年代起,韭菜在温室、大棚、拱棚各种形式的保护地栽培日渐增多,但生产中经常发现有的盖膜后不发芽,有的虽能有极少量发芽、长叶,但生长速度很慢,缺苗断垄严重,难以形成产量。在保护地栽培中这种现象时有发生,给生产带来一定损失。

多年来关于韭菜的休眠问题众说纷纭,尤其是对冬季覆膜后生长极不整齐的问题更是难以解释。李永华等关于韭菜的休眠问题的研究结果表明:根据韭菜的生物学特性,可以分为无休眠和有休眠两种类型。无休眠类型韭菜品种有:791、平韭 4 号、赛松、杭州雪韭、汉中冬韭、西浦韭等;有休眠类型的有:山东独根红、豫韭菜 1 号(平韭 2 号)等。

无休眠品种虽经过不同程度的低温，只要给予一定的生长适温后（如盖膜增温），都能及时、整齐地萌芽、长叶，生长速度快，有休眠特性的品种则反之。

有休眠特性的品种，一旦遇到低温诱导进入休眠期后，必须满足其一定的需冷量后才能"苏醒"进入正常生长。若需冷量未能满足就给予生长适温，个别植株虽也能萌芽、长叶，但长得既慢又弱（表5-1，表5-2），难以形成一定的产量。因而在生产中一定要根据不同的栽培形式，选择不同的适宜品种，做到栽培形式与品种配套，才会避免损失。

表5-1　不同休眠类型韭菜品种经过不同自然低温后移入温室内生长情况　（单位：厘米）

品　种	处理日期（日/月）	处理后天数（天）					
		7	14	21	28	35	45
无休眠类型(791)	15/11	9.3	18.0	19.0	21.2	—	—
	24/11	9.6	16.9	26.6	29.9	—	—
	5/12	10.2	22.5	32.3	34.4	—	—
	15/12	12.3	24.0	30.8	33.3	—	—
	25/12	17.8	28.3	30.2	34.3	—	—
有休眠类型（山东独根红）	15/11	2.3	6.5	7.5	8.4	16.3	23.4
	24/11	0	0	1.6	4.6	17.4	21.7
	5/12	0	6.9	15.7	20.7	28.0	—
	15/12	2.3	12.8	18.9	21.9	—	
	25/12	5.3	16.1	27.0	29.2	—	

表 5-2　12 月 8 日从露地移入不同温度控制下韭菜生长状况

类型品种	处理后天数（天）	不同温度下生长状况（厘米）		
		13℃～15℃	昼 25℃～30℃ 夜 13℃～15℃	25℃～30℃
无休眠类型（791）	3	4.8	8.2	7.8
	6	9.1	15.7	14.9
	9	15.3	23.0	20.5
有休眠类型（山东独根红）	3	1.3	2.8	4.3
	6	1.8	3.6	10.6
	9	3.3	7.1	18.0

三、栽培形式

韭菜反季节栽培所采用的设施，北方寒冷区以温室为主，中部温和区以大棚和各种形式的拱棚为主。露地生产除普通的常规栽培外，各种形式的间作套种也相当普遍。

（一）栽培设施

1. **风障**　风障是我国北方多年来韭菜早熟栽培中经常采用的一种简易形式，尤其在多风地区其效果更好。一般是在韭菜畦北侧设一道屏障。由篱笆、披风及土埂三部分组成。篱笆多用玉米秆、高粱秆或竹竿为材料。根据材料的长短和质地，可搭成 1 米高的小风障或高 2 米以上的大风障。披风为在风障北面紧贴一层 70～100 厘米高的稻草捆，以加强防风效果，披风多用于大风障，披风材料除选用稻草捆外，还可用草包、旧薄膜等。风障的效果是降低风速，提高畦温。风障的防护效果一般是风障高度的 2～3 倍的畦面宽度。如果在风障的内侧面用银灰色反光膜做披风,既可防风、增温(比普通畦提高 0.5℃~2℃),又可增加畦面的光照强度。使早春紧靠风障第一畦的韭菜比不设风障的能提早 7~10 天收割。

设风障要掌握以下几个原则,一是应与当地主风向垂直,北方冬春以西北风为主,所以一般设在畦的北面。为了使畦面气流更加稳定,防风效果更好些,还可在西面和东面加一道围障。二是风障要密实,下部埋入土中不少于 30 厘米,而且应该向南倾斜与畦面呈 75°~80°角。每隔 2~3 米设一立柱,以增加对强风的抵抗力。

风障间的距离(宽度),大风障以 5~7 米为好,或相当于风障高度的 4~5 倍,保护风障前的 4~5 个畦。它的保护效果是随着离风障距离的加大,保护效果也逐渐减弱。这种效应形成了离风障愈近收获愈早,自然形成分期收获,分批上市。

风障可明显改变畦前的小气候,最大的作用是减弱风速,稳定畦面气流,可使畦内的气温与地温都明显地提高。据测定,风障的防风、防寒保温的有效范围约为风障高度的 5~8 倍,最有效的利用范围为 1.5~2 倍。一般可降低风速 10%~70%,而且风速越大,设置的排数越多,防风的效果越明显。由于风障稳定了气流,使风障前的受热空气和土壤能在障前稳定不易散失。而土壤水分的蒸发也变慢,还有保湿作用。

风障是一种最为简易的敞开式保护设施,因没有畦面的直接覆盖,夜间和无风的阴天其增温效果不明显,晴天、有风天作用明显,紧挨风障的第一畦可比无风障的畦温高 5℃~6℃,而夜间相差甚微,所以它在寒冷季节一般多用在耐寒性强的韭菜、蒜苗、菠菜等叶菜栽培上。风障与各种保护设施如大棚、拱棚、地膜覆盖配合使用,更能提高设施的防寒保温性能。

2. 阳畦 阳畦是我国北方菜农冬春季育苗,春提前、秋延后生产半耐寒性、植株低矮蔬菜的一种简易形式。因它结构简单、建造容易,北、东、西三面有低矮的墙体维护,防寒保温性优于拱棚,尤其在韭菜冬春反季节生产中应用较为广泛。

阳畦是东西延长,畦面朝南,上覆薄膜,夜间加盖草苫。白天利用阳光提高畦温,夜间增加覆盖物减少热量散失、阻挡外界低温侵袭。

(1)结构　阳畦由床框(土框或砖框均可)厚度不低于50厘米。框越厚保温贮热性越好,床温也越高。北墙的高度不低于50厘米,墙高受光的薄膜面斜度大,进光量多,床温提得高。东、西墙厚度也不能少于50厘米,呈斜坡向南延伸,使温床的薄膜受光面与地平面形成一定的倾斜角度。南墙高8～10厘米即可,主要起阻挡雨水进入床内的作用,过高则遮挡阳光。畦长根据需要一般8～10米,畦宽1.5米左右。土墙体要夯实,而且一定在上冻前建好,晒干才会结实。畦面用竹竿棚起,上覆薄膜四周压严,通风时把压在北墙上的薄膜支起。白天草苫卷放在北墙上,日落后放下,草苫南北两头用重物压住,防止被风刮起。

(2)性能　阳畦有厚的墙体,起到蓄热、防寒作用。有角度理想的透光面,可以充分接受光能,变为热能,提高畦温。夜间覆盖4～5厘米厚的草苫,减少热量散失。由于以上3个条件,在不加温的情况下,构成了一个冬春季节基本上可满足多数蔬菜生长的空间。经测定在保温性较好的阳畦中,当外界气温为－10℃时,畦内温度可达10℃以上,内外温差可达20℃以上。阳畦的热量来源于阳光,晴天升温效果好,阴天差,尤其是连续阴天,畦内热量得不到及时补充,而且还在不断地散失,在这种情况下畦温可能会降至0℃。另外,阳畦空间小,自身调节能力差,日出后温度升得快,日落后降得也快,尤其是夜间畦内湿度也大,在低温高湿条件下易发生病害。为了克服阳畦的这一缺陷,可在床下挖回龙火道或埋地热线构成温床。韭菜植株低矮,耐寒性强,利用阳畦进行冬春反季节生产，它的效果比拱棚好，可加以推广。阳畦是一种临时性的设施，生产结束就可推倒整平种植其他作物，起到了轮作倒茬减轻病虫害发生的效果。

3. **拱棚** 拱棚覆盖是目前应用薄膜进行空间覆盖最为简单的一种覆盖形式。它结构简单、投资少，因棚型低矮，便于从外部进行草苫覆盖。它的最大缺陷是空间小，不便于人在内部进行操作。另外，因拱棚之间要留出一定空间做为走道或放置草苫，相对来说非生产性面积就要占去1/3甚至更多。拱棚根据其大小和高矮，可分为以下两种。

(1)窄畦小拱棚 利用2米宽薄膜，搭建成0.5米高的小拱棚，夜间可以加盖草苫，棚间留出0.3米的走道。因棚体低矮，作业时需掀开薄膜。小拱棚一般作为育苗或短时间覆盖。小拱棚的拱架可用细竹竿、竹片、细钢筋等。拱架间距可根据所用材料的牢固性来确定，一般30～60厘米。拱架上方用竹竿纵向连接使之成为一整体，以增加其牢固性。小拱棚内部因容积小，温度变化剧烈，因此，长度不宜过长，过长春季放风困难(一般只掀开两头进行放风)，尤其是中部易窝风，使苗子受害。

小拱棚因棚型低矮，幼苗在里边生长时间短，可以搭建在中拱棚、大棚内相互结合在一起使用，早春育苗或栽苗后在棚内做短期覆盖，如若夜间在上面加盖草苫进行回秧韭菜生产，一般在春节期间上市，如若夜间不加盖草苫，收获期将推迟半个月。

(2)宽畦小拱棚 该种形式是用4米宽的薄膜搭建成畦宽2.5米、棚高1.1米的小拱棚(图5-2)。拱架材料可用3米长的细竹竿，粗头插入畦埂，两细头弯成拱形在畦中部对接后用铁丝或麻绳扎紧呈一半圆拱形。拱架也可用3～4厘米宽的竹片或细钢筋弯成。拱间距根据所选用材料的牢固程度而定。如用细竹竿，拱间距以30厘米为宜，若用竹片可加宽到50～60厘米。为了加强棚体的整体牢固性，在棚中部每隔2～3米设1道立柱，在棚体的顶部和两腰部设3道横拉杆,使整个棚体成一牢固的整体。若打算在棚体外加盖一层草苫,拱架尽量粗些,拱间距尽量窄些。

宽畦小拱棚南北延长东西两面受光,两棚间留出60~80厘米的走道,棚长以10米左右为宜,从南北两头放风。宽畦小拱棚棚体中高在1米左右,人可进入内部蹲着作业,勿需揭膜,尤其在风天、雨天也不会影响工作。它的另一长处是因棚体较高,幼苗可以在薄膜保护下生长的时间比窄畦小拱棚要长,它的产量和早熟性比前者也好。另外,它的土地有效利用率也高于前者。该设施可用于韭菜的冬春反季节栽培、喜温的瓜果菜早春育苗、春季早熟栽培和秋季延迟栽培。

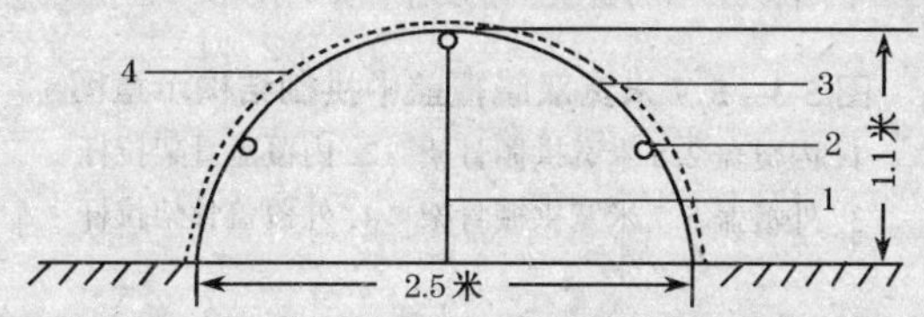

图5-2 2.5米宽加草苫覆盖拱棚结构示意图

1. 立柱 2. 拉杆 3. 拱杆 4. 草苫

(3)中拱棚 中拱棚是介于大棚与小拱棚之间的一种设施。一般高1.5~2米,宽3~6米。在棚体高度确定后,棚体过宽,棚顶就会过平,受光差,温度升得慢,雪后不易除雪,如若骨架不牢就有倒塌的可能。棚体南北延长,东西两面受光。棚长根据地形和需求而定,单棚面积可在100~200平方米,因便于放风,棚体也可更大些。中拱棚一般可用中等粗度的竹片或竹竿做拱架,中间设1~3排立柱,内设3~5道横向拉杆,把拱架连成一整体。钢筋焊成的拱架中间可不设立柱,但横向拉杆不能没有。有的在棚体的北面设风障或筑一土墙以提高防寒保温性。有关5.7米宽双膜覆盖中拱棚结构见图5-3。

中拱棚的高度和宽度都有所增加，外部覆盖草苫较为困难，但内部比较宽敞可以加设小拱棚，其上还可以加盖草苫进行三层覆盖。该设施早春可以作为育苗棚，也可作为韭菜反季节的栽培棚；还可作为秋延后保护韭菜、蒜苗延迟收获的保护棚。

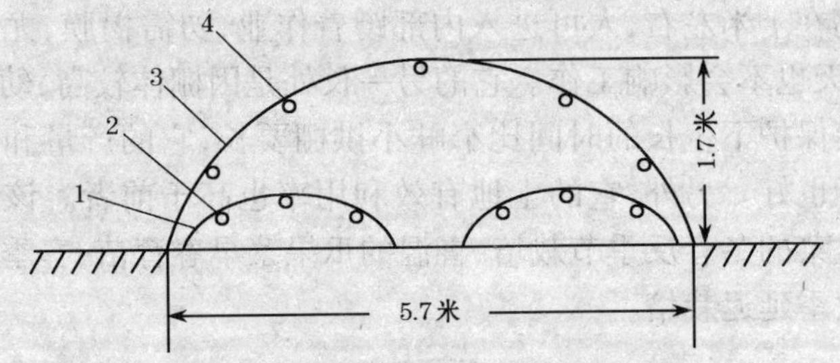

图 5-3　5.7 米宽双膜覆盖中拱棚结构示意图

1. 内覆盖 2.5 米宽拱棚骨架　2. 内覆盖骨架拉杆

3. 外覆盖 5.7 米宽拱棚骨架　4. 外覆盖骨架拉杆

4. **大棚**　大棚是 20 世纪 70 年代由农民创造的一种空间大、可以进行全生育期覆盖的栽培形式，它一出现就受到人们普遍的重视，到目前已遍及到全国各地。大棚一般是指棚体高度在 2 米以上，宽度在 6～16 米，长度在 50～200 米，它的最大特点是棚体高、空间大，尤其对蔓生的搭架蔬菜可以提供足够的伸展空间，进行全生育期的保护。棚内还可以增设小拱棚、中拱棚进行多层覆盖。在发展的进程中，棚型结构不断地改进，骨架材料不断在更新，目前生产中普遍采用的有以下 3 种。

(1)*竹木或竹木水泥柱混合型*　该种结构是竹(拱架)、木(立柱、横向拉杆)为材料搭建而成。也有的全部材料都用粗竹竿。由立柱、拱架、拉杆、短吊柱等构成的大棚骨架，棚内的立柱多少依棚宽度、拱架、拉杆材料的牢固度(粗度)和短吊柱的设置多少而定。一般 12 米宽的大棚可设置 6 排粗度在 8～10 厘米的立柱为宜，立柱南北排间距3米,为了减少棚内的立柱以便于作业,可采用悬梁吊柱式,即在南北向立柱间加设1~3道20厘米长、3~4厘米粗的短木吊柱,小吊柱上部撑拱架、下部坐在横拉杆上。棚体的高度应在2.3米以上。在棚体宽度确定后,适当地提高高度可为作物提供更好的生长空间和雪后有利于向下刮雪,更重要的是棚体受光角度好,有利于棚温的提高。有些棚高度不够,宽度不小,造成棚顶过平,不但影响作物生长,而且遇大雪由于棚面负载过大,往往会出现塌棚。竹木或竹木水泥柱混合结构的大棚拱架用长6~7米、粗头直径5~6米厘的毛竹竿,每拱两根对接呈拱形,拱间距为1米。立柱用粗度8厘米×12厘米的水泥预制柱。横向拉杆是大棚负载量最大的部位(尤其是采用悬梁吊柱式负载量更大),可用大头直径在10厘米粗的毛竹竿或直径在8厘米粗的木杆把棚内的拱架、立柱、吊柱连成一体,增强了棚体的牢固性。超过10米宽度的大棚的棚面可由4块薄膜焊接而成,留出3道放风口,即顶部一道,两侧腰部距地面1.4~1.5米处各一道。边高1~1.1米。这种多立柱式大棚如果东西向两排立柱用细竹竿相连,每排相距20厘米,上覆0.015~0.020毫米厚的聚乙烯薄膜。下边固定在连结立柱的横拉杆上,上边可以上下拉动,夜间展开相接处用夹子固定,白天卷起,这种多层覆盖形式经测定每增加一层可提高棚温1.5℃~2℃,大大增强了大棚的保温性(图5-4)。

(2)水泥预制拱架、硅镁复合材料预制拱架大棚　采用高标号水泥中加入玻璃纤维、沙及速凝剂,内有4根冷拔丝为筋预制而成为水泥拱架。除前者外,目前还推广的由硅镁复合材料预制而成的轻型骨架也备受用户青睐。两种骨架的横断面多为3厘米×8厘米,拱架与薄膜接触面呈光滑的弧形。棚的宽度(跨度)一般为6米、8米、10米3种型号,高度分别为3米、3.3米、3.5米,每一拱架由两部分组成,在最高点交叉处用螺丝固定连结成为一拱。拱间距1米,下埋50厘米落在垫砖上。拱架最高处和两腰处用5

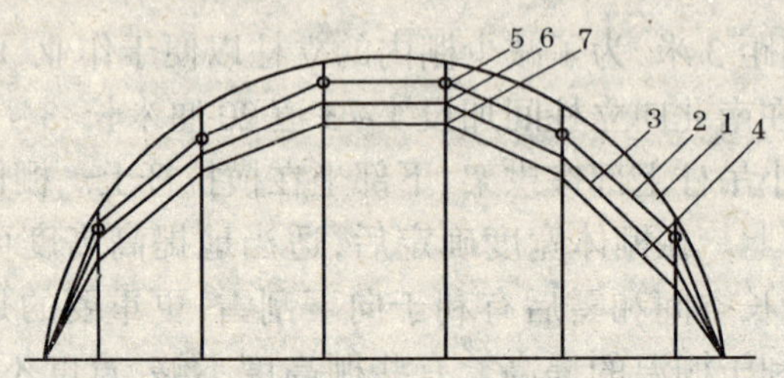

图 5-4 4 层覆盖竹木结构塑料大棚示意图

1. 大棚拱杆 2. 2 层覆盖支杆 3. 3 层覆盖支杆
4.4 层覆盖支杆 5. 大棚拉杆(2 层覆盖拉杆)
6.3 层覆盖拉杆 7.4 层覆盖拉杆

道壁厚 2.3 毫米的钢管相连,钢管与拱架接触面用车外胎做垫物防止相互磨损,并用铁丝绑牢。棚两头要用木立柱或水泥柱呈 50°~60°角斜顶住棚头(由里顶和外顶均可)。门设在棚南侧,棚膜由 3 块拼接而成,棚顶一大幅,腰部两小幅,放风口留在 1.2 米高处,放风口外膜的边缘要焊成约 2 厘米的筒形,内穿一条尼龙绳防止放风扒缝时把膜撕裂。膜与膜重合的放风口处要上膜压下膜重合约 20 厘米,采用扒缝放风。

预制骨架坚固耐久,耐腐蚀,棚体高,受光角度好,棚温升得快,内部宽敞,适合高架蔬菜生长。宽体无柱或少柱的棚内(10 米跨度的中部需设一道立柱,小于 10 米的可不设),可搭建小拱棚或中拱棚。

预制拱架本身很结实,但在生产中也会出现一些倒塌现象,究其原因:一是拱架下埋时地基松软,下部没有夯实更无垫砖或下埋过浅。二是棚体的 5 道横向拉杆用材过细、管壁过薄,无法把各拱架连成一牢固的整体,遇风雪天气棚体就会来回扭动最终倒塌。三是两棚头的顶柱不牢。

宽大的棚内温度变化平稳,适合各种蔬菜的生长,而且可以一盖到底,使蔬菜始终处在一个稳定的环境中(所要求的温度可以通过放风来调控)。夏天是强光、暴雨、高温灾害性天气频繁出现的季节。如果利用大棚覆盖,光强可降低 40% ~ 60%、温度可下降 2℃ ~ 3℃,风、雹、雨等灾害可以免除。如果在棚四周的放风口处用防虫网遮挡,虫害的问题也可解决,可以节省大部分农药开支,也符合无公害绿色蔬菜生产规程。

为了提高大棚的使用价值,通常冬季多层覆盖可进行韭菜反季节生产,春季挖出韭根定植果菜类一年两茬。

5. 日光温室　温室生产在我国有着悠久的历史,但真正大面积冬春季用于生产应该是 20 世纪 80 年代由辽宁首先在温室结构上做了大胆的探索、改造,使之具有良好的保温、贮热性,在北方冬季可以生产夏季生长的蔬菜,并可创高产。在短短的 20 年,这一栽培形式在北纬 32° ~ 43°的广大地区冬季不加温的条件下,依靠阳光和强化保温,可以生产喜温果菜,这是我国园艺设施划时代的发明和创新,对世界园艺做出了新贡献。目前日光温室已经遍及北方各地。

日光温室在发展历程中经过不断地总结和演变,大家认为厚墙体、大跨度是今后发展的方向。日光温室是冬春寒冷季节种植喜温蔬菜较为理想的一种设施,尤其是宽跨度、厚墙体的温室,由于保温、贮热性能好,在冬季有阳光的晴天中午前后约 3 个小时室温可达 30℃左右,一天中高于 25℃的时间可持续达 5 ~ 6 个小时,夜间外界在 - 10℃的气温下,室内凌晨最低温度不低于 8℃,而且低温时间持续得短。利用温室冬季种植韭菜在东北最为普遍,韭菜收割 2 ~ 3 刀后栽黄瓜,效益非常可观。现介绍几种目前生产中推广的日光温室类型。

(1)无后坡土墙体温室　该温室采用加大墙体厚度(1.1 ~ 1.5 米),扩大室内土地面积增加贮热量使夜间室温不会降得过低(图 5-5)。

无后坡温室每隔 1 米一根拱架,拱架采用竹竿、立柱用水泥柱

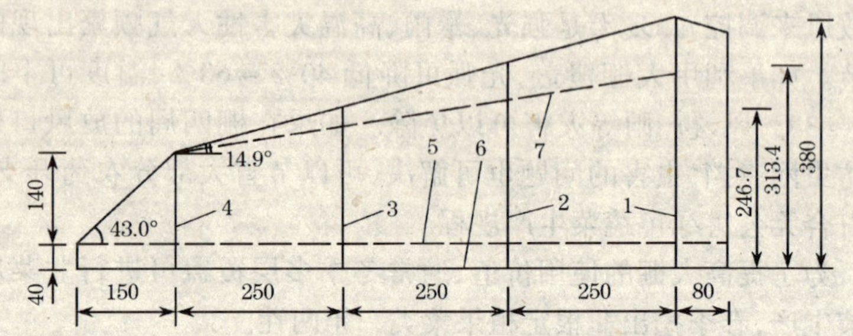

图 5-5 无后坡温室切面示意图 （单位:厘米）

1. 后墙 2. 后柱 3. 中柱 4. 前柱 5. 地平面

6. 栽培床面 7. 后墙 3 米(包括下挖 0.4 米)时棚面示意

或木柱结构,也可采用水泥预制拱架。拱架间用 3~4 道横拉杆连接,拉杆可用大头直径 7 厘米的竹竿相连,也可用内壁 2.5 毫米的钢管连结。现以跨度 9.8 米(从北墙内侧到温室南沿距离)的半地下式温室为例：后墙高度 3.8 米,若跨度缩小,墙的高度可适当降低,一般来说跨度每缩短 1 米,墙高可降低 20~25 厘米,即基本上可保证前屋面的进光角度。

无后坡温室的优点是结构简单、建造容易、投资少;缺点是后坡的位置夜间只有薄膜和草苫覆盖,散热快、保温性差。为了克服这一缺点,建议在后墙体南沿 1 米宽后坡的位置处,东西向加一层 15 厘米厚的草苫,草苫上再覆一层旧薄膜,保护草苫并增强其保温性。采取这种临时补救措施,作为 12 月份至翌年 2 月份寒冷冬季的临时后坡,3 月初外界气温升高后撤除。

(2)琴弦式温室 该类型温室空间大、拱架用量少、造价低、棚面平缓,人可以站立在上面清扫棚膜。

琴弦式温室受光薄膜面为一坡一立式,前沿有一高度为 80~90 厘米与地面水平夹角为 80°的立窗,前屋面坡面与地面水平夹角 21°~23°。脊高 3~3.2 米、后墙高 2~2.2 米,跨度 7 米。后坡长 1.5 米,水平投影 1 米。前屋面为一悬索式结构,即在前屋面下每隔 3 米设一道拱型加强架,并用 3~4 排立柱支撑。在两加强架之间每隔 35~40 厘米东西向拉一道 8 号铁丝,两头固定在东西山墙外的地锚上并埋入土中。两加强架间每隔 50 厘米南北向设一道细竹竿,最后把支撑棚面的加强架、钢丝、细竹竿三者用铁丝绑在一起使之成为一整体,其外形像钢琴的琴弦排列,上覆薄膜使棚面呈一平缓坡面(图 5-6)。

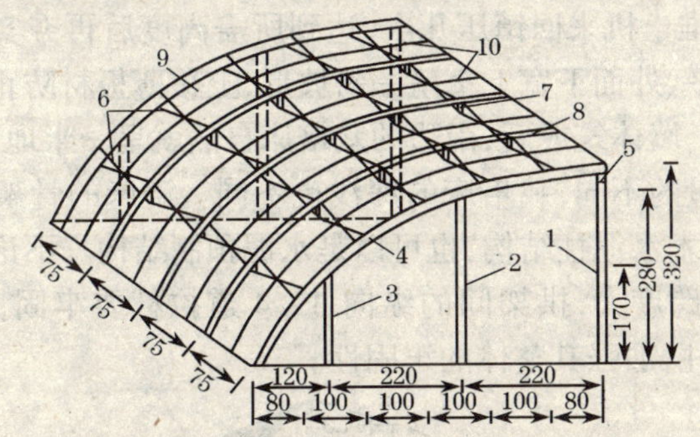

图 5-6 有立柱改良琴弦式温室前坡结构 (单位:厘米)

1. 后柱 2. 中柱 3. 前柱 4. 毛竹拱梁 5. 后柱横梁 6. 改良琴弦 7. 小短柱 8. 细拱杆 9. 塑料薄膜 10. 压膜线

(3)大跨度厚墙体半地下式日光温室 多年来人们普遍应用的温室墙体厚度为 0.5~1 米,在冬季连续低温天气,喜温的果菜也长时间处于生长停顿状态,甚至受到寒害,个别温室还会出现冻害。一个重要原因是:墙体薄,防寒性能差,贮存热量少,在连续低温天气下,不能源源不断地向温室补充热量。为了解决这一问题,近几年各地相继建了厚墙地、大跨度、半地下式温室。一般墙体厚 1.5~3 米(墙体愈厚保温效果愈好),跨度 8~10 米,半地下式(低于地面 45~50 厘米)。该结构温室从各地冬季使用情况来看效果非常理想(图 5-7)。

建造厚墙体温室需大量土,土的来源取自于墙体的南边,对于多年的菜园土壤虽很肥沃，但其中的病菌尤其是线虫多，遇到这种情况，可以把耕作层土全部用来筑墙体，下层土犁松后多施有机肥，也可达到理想效果。对一般病虫(尤其是线虫)不严重的可把表土先推到一侧，利用下层土筑墙体，然后再把表土回填到原地。粗略推算建667平方米跨度9米的厚墙体温室，大约需近400立方米的土，完成如此大的土方，多用推土机进行作业，每推高30～40厘米用推土机来回镇压几次，达到所需高度后再夯实。墙体内面削直抹平、外面下宽上窄呈一斜坡形，上覆薄板材防止雨水冲刷墙土流失。墙体筑成后，南边的栽培床自然就呈一半地下式，根据墙体用土量的不同，栽培床的深浅也不同。温床的骨架可以是竹木结构、竹木水泥柱结构，也可以是水泥预制结构。不论是哪种结构，因温室跨度大，拱架间的纵向3～4道拉杆要牢固，室内应设2～3排立柱，加强其整体的牢固性。

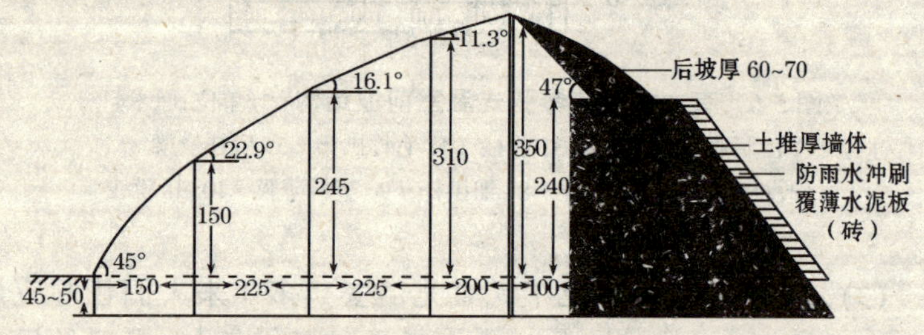

图5-7 大跨度厚墙体半地下式日光温室示意图 (单位:厘米)

说明:1. 温室内立柱可根据拱架的牢固程度酌情增减

2. 温室内床面可下挖45～50厘米，呈半地下式，可有效地提高冬季地温，有利于生长

3. 温室长度在50～100米，随着长度的增加、容积加大、保温贮热性更好

(4)大跨度麦秸墙体温室　麦秸保温性好、贮热性强，除了造纸、沤肥外，每年北方麦区有大量麦秸被焚烧和随意丢弃。为了保

护环境，利用好这一丰富资源，结合目前大力提倡的麦秸打捆成型技术，由河南农业大学园艺技术公司设计的跨度为9～10米、三面墙体厚度为1米以上、后坡厚度40～50厘米，全为打捆麦秸交叉错位堆积而成的围护墙体，外侧用砖或其他板材保护麦秸墙，内侧面用薄膜包被麦秸墙体，防止麦秸受潮变质降低保温贮热效果。薄膜外用透空花墙支撑固定墙体(图5-8)。利用麦秸良好的保温贮热性代替目前的砖土结构墙体。该结构根除了土墙体因保护不好遭雨淋冲刷层层剥离甚至倒塌的弊端。另一特点是造价低。更重要的意义在于麦秸墙体温室的推广，为麦秸的充分合理利用又开辟了一条新途径。

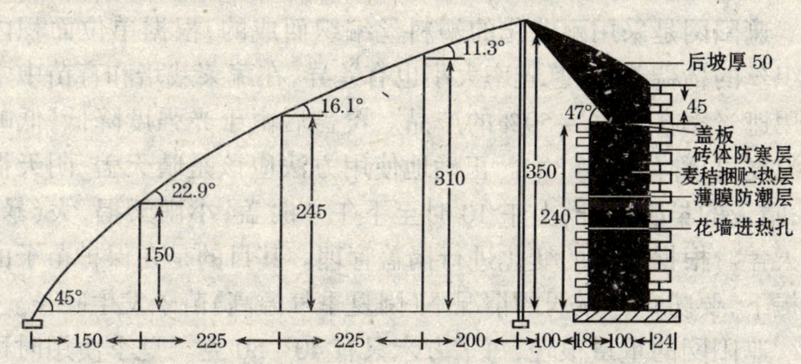

图5-8 9米跨度麦秸捆墙体温室示意图 (单位:厘米)

对麦秸墙体温室的几点补充说明：①温室内立柱的排数可根据拱架的牢固程度酌情增减。②墙体麦秸厚度不可少于100厘米，如若再增厚，其保温贮热性更好。③温室内栽培床可下挖30～50厘米，呈半地下式可有效地提高冬季地温利于根系生长。④温室长度不少于50米，随着长度的增加，容积加大，保温、贮热更好。

6. 夏季保护设施 夏季高温多雨、灾害性天气频繁，植株生长不良，尤其是病虫危害严重，多采用喷药来防病治虫，严重污染环境和产品，难以实现蔬菜无公害生产。近年来在生产中大力推广的夏季保护设施有：

(1)遮阳网　遮阳网是目前大力推广的一项夏季覆盖保护设施。覆盖后可挡暴雨、防强光、保湿、降温，也有一定的防止害虫迁飞、转移、产卵的效果。尤其在6～8月份不论是育苗或栽培，在植株顶部覆以遮阳网加以保护均能获得理想效果。目前已经成为夏季种植蔬菜防灾保丰收的一项主要推广技术措施。

遮阳网还有防寒保温作用。在初冬露地生产，夜间浮面覆盖(不用支架直接盖在菜棵上)有防霜作用；冬季在大棚、拱棚、温室内夜间覆盖后也同样有防寒保温，减少热量散失的作用。

遮阳网是采用耐老化的塑料丝编织而成的，根据单位面积内编织丝的稀稠不同，遮光率大小也有差异，在蔬菜栽培和育苗中常采用遮光率在40%～50%的产品。覆盖后由于光强度降低，低畦内温度可下降2℃～3℃。正确地使用方法应该是晴天盖、阴天揭开；晴天的早晚揭开，上午10时至下午4时盖；小雨天揭，大(暴)雨天盖。根据天气的变化进行揭盖管理。其目的是在保护苗子的前提下，要防止在光弱的情况下(因夏季气温高)苗子发生旺长。

遮阳网的重量很轻，每平方米只有40～50克。夏季使用时可覆盖在温室、大棚、拱棚上，也可重新扎拱架或平架，甚至可以直接盖在菜棵上进行浮面覆盖，因其重量轻不会压倒菜棵，又因它透气，能排湿，也不会捂黄、捂烂蔬菜。

遮阳网有黑色和银灰色两种。宽度规格有90厘米、150厘米、160厘米、200厘米、220厘米、250厘米。可根据覆盖空间大小选购或任意缝接。由于覆盖空间大小不同，所需遮阳网的面积也有差异，一般每667平方米需700(温室)～1 000平方米(大棚)，需投资300～450元。

(2)防虫网　防虫网覆盖是继薄膜覆盖、遮阳网覆盖之后，又一具有发展潜力的蔬菜生产新技术。这一技术过去只局限在十字花科、葫芦科蔬菜采种时为防止昆虫采粉串花出现自交或无目的的杂交。制种田、原种圃覆盖防虫网后，阻挡了昆虫采粉串花、保证了种子的纯度。近年来由于大力推行无公害化蔬菜，防虫网栽培也就成为目前生产无公害蔬菜的一项重要技术措施。

①性能　防虫网是聚乙烯原料中加入防老化、抗紫外线等化学助剂，经拉丝编织而成，形似窗纱。具有抗拉力、耐热、耐腐蚀、无毒、柔软、便于收藏等优点。覆盖防虫网可以把大多数昆虫阻隔在网外，从而达到农药防治难以达到的目的。防虫的同时也防止了由昆虫传播的多种难以防治的病害如病毒病、软腐病等。尤其在夏季害虫发生猖獗之时，利用防虫网不论是育苗还是栽培所达到的防虫、防病、防强光暴晒、防暴雨、冰雹等灾害，都能达到理想的效果。防虫网的应用起到防虫、减灾作用，更为生产无公害蔬菜提供了保证。

目前在扩繁大蒜脱毒原原种和由原原种进一步扩繁原种时，用防虫网对扩繁的采种田进行完全封闭式的覆盖，防止传毒媒介蚜虫进入蒜田，防止了蒜种病毒感染，这种方式在大蒜留种过程中已被采用。另外，韭菜田覆盖防虫网可有效阻止韭蛆成虫在韭田产卵，从而免除了治蛆这一繁杂工作，使韭菜成为无公害食品。

②使用方法　防虫网用于覆盖蔬菜一般采用25～30目（2.45平方厘米面积的孔数）。这样密度的孔对一般昆虫都有阻隔作用。防虫网重量轻不挡风，因此，比一般支撑薄膜的骨架的牢固性要求低。只要支撑起一定的高度，畦内形成一定枝叶伸展的空间就可以了。具体覆盖方式有以下3种。一是利用棚室骨架，温室、大棚常设的通风口处应该覆防虫网防止露地的虫害秋末进入棚室内越冬并继续危害。也防止在棚室内越冬的虫害春季迁入露地危害。害虫一旦进入棚室可采取严加密闭喷（熏）药集中消灭。夏秋季利用温室、大棚栽培可撤去薄膜，利用防虫网全覆盖。苗子进网前要彻底喷药防止幼苗带虫（卵）进入网内。二是搭建中小拱棚，利用

竹片或细竹竿拱成0.5～1米高的拱形架，棚与棚之间留出40～50厘米走道。因棚体呈弧形，便于雨水下滑，防止暴雨后畦内积水。夏季利用覆网小拱棚育苗，覆网中拱棚可育苗也可进行栽培。三是平棚覆盖，每隔1～2米（间距根据所用骨架的粗细而定），埋高1米的立柱，然后用尼龙绳、细铁丝或细竹竿纵横相连支撑棚面。覆网后四周埋入土内，或用重物压边。平棚省工、省材，适宜成片覆盖。缺点是因棚顶呈平面，雨水会进入畦内。

③使用效果　防虫网多呈白色，因此，覆盖后能起到反光、降温作用。另外由于网丝对光的阻隔作用使网内的光强度下降15%～20%，温度下降1℃～2℃。在6～8月份的夏季露地光强可达7～9万勒，这样的强光对大多数蔬菜生长不利，通过覆盖防虫网后，降低了畦内光强。又因其下降幅度低于遮阳网，因此，在阴天、早晨、傍晚也不需揭开。另外，覆网后畦内光强度降低，土壤和叶面的水分散失相对减少，会使覆盖畦内相对湿度高于露地5%～7%。早晚温度高于露地，中午低于露地均在1℃～2℃范围内。

另外，防虫网拉伸强度大、耐冲击力，对冰雹、强风、暴雨都有很好的阻挡缓冲作用，从而保护了网下的植株。

以防虫为目的防虫网在夏季害虫大量发生期覆盖在栽培畦顶，对于近几年发生猖獗、危害严重，用农药难以防治的菜青虫、小菜蛾、美洲斑潜叶蝇、白粉虱、蚜虫、红蜘蛛、韭蛆等都有很好的阻隔防止危害的效果。从而克服了剧毒农药在蔬菜上的滥用，保护了天敌，真正生产出绿色无公害蔬菜，是其他方法不能替代的。

④注意事项　使用防虫网是生产无公害蔬菜的一项行之有效的方法。但在应用中应注意以下几个问题。第一，在大棚、温室、拱棚等保护地生产的放风口处要长年覆盖。其内发现有害虫危害要严加封闭，集中消灭。第二，定植地要先灭土中害虫再定植，盖网。前茬蔬菜拉秧后，在地面喷洒1次50%辛硫磷800～1000倍液，随即耕翻，其残效期在1～2个月。利用其药力杀死土中虫卵

或蛹。第三,幼苗定植前先在苗床内喷药杀灭附着在苗上的害虫或卵,定植后及时盖网,四周压严,幅与幅之间要缝合紧密,不留缝隙,出现破洞要及时缝补,防止害虫潜入。第四,防虫网的型号很多,目前生产中采用25~30目规格。每667平方米投资千元左右,一般可使用3年。

(二)间作套种

韭菜分保护地与露地两种栽培方式。露地栽培从11月份至翌年2月份属于回秧后的被迫休眠期;保护地栽培从6~11月份属于养根阶段,一般不收割或收割次数很少。尤其夏季高温期对喜凉爽的韭菜生长不利,在这种条件下韭菜生长慢,纤维多,品质差,所以露地韭菜一般7~8月份不收割,处于养根期。为了充分利用夏季的光热资源,在夏季韭菜"歇伏"期可在其行间套种一些喜温、耐热蔬菜,增加复种指数,充分利用生长季节。在冬季温室生产中尤其是在一些保温性、贮热性差,冬季难以生产喜温的果菜类的温室或温室的保温性、贮热性虽好,但因当地冬季寒冷,如高海拔地区和高纬度的东北、内蒙古、西北高原区,在冬季温室生产中通常是种植一茬韭菜,收割2~3刀后刨出韭根,施肥整地后早春种植一茬价值高的黄瓜或其他果菜类进行轮作。有的不刨韭根采取宽行定植果菜类,让韭菜在温室内养根,冬季继续扣膜生产。韭菜的间作套种在露地生产中较为普遍采用的方式有以下几种。

1. 韭菜—豆角—白菜(菜花、甘蓝)

230厘米为一种植带,其中150厘米平畦内种植韭菜,剩余80厘米窄畦内夏季种植豆角,秋季种白菜或甘蓝、菜花。冬季韭菜扎拱棚进行保护栽培,窄畦作为走道并可放置覆盖用的草苫。豆角于6月份播种在80厘米窄畦内,一畦双行株距25厘米。夏季利用豆角架的遮阳有利于韭菜养根。7月中下旬利用遮阳网遮强光、避暴雨,在保护条件下育菜花苗或甘篮苗。菜花品种选用日本雪山、白雪公主、夏银花、白峰等。甘蓝选用中甘8号、夏光等耐热品种。9月初豆角拉秧后及时整地施肥,一畦双行株距50厘米定植菜花苗或甘蓝苗。11月初收获。该模式充分利用了韭菜夏季“歇伏”养根期种植一茬耐热豆角,又利用秋季韭菜覆盖生产开始前套一茬菜花或甘蓝。因它们植株较低矮,对韭菜生长影响不大。菜花、甘蓝收获后可及时在韭菜畦上扎拱覆膜,于12月份收割1刀青韭。也可不覆膜经冬季低温霜冻后,于12月中旬韭菜地上部绝大部分干枯回秧,搂去枯叶施肥浇水、治蛆后再扎拱覆膜,夜间加盖草苫,争取春节上市。

2. 韭菜—洋葱—早萝卜(早白菜)

该模式是以露地青韭生产为主,在初冬韭菜开始进入回秧期,在其窄畦内套种洋葱。以210厘米为一种植带,其中平畦150厘米内栽种韭菜,余下60厘米做成15厘米高畦栽洋葱。洋葱于9月中旬露地育苗。品种可选择黄皮种。幼苗具3~4片叶,高度达15厘米时,在60厘米的高畦上先覆地膜,后栽种2行洋葱,株距20厘米,2行洋葱的窄行距20厘米。栽后浇足定植水。洋葱于6月下旬假茎倒伏后及时收获。收后施肥整地高畦上播种2~3行早萝卜,或2行早白菜(选择抗热、抗病的早熟品种如夏辉、夏阳等)。萝卜定苗时株距30~35厘米,白菜定苗株距60厘米,均于10月初收获。

3. 甘蓝(菜花)—韭菜—辣椒

该模式是冬季保护地生产青韭,早春套种甘蓝或菜花,晚春套种辣椒模式。以270厘米为一种植带,做成宽畦200厘米、窄畦70厘米,畦埂高10厘米。甘蓝或菜花于12月下旬至翌年1月上旬在拱棚(加草苫)或大棚内多层覆盖条件下育苗。甘蓝选择中甘11、8398等耐寒、耐抽薹良种,菜花选择玛瑞亚、津雪88、春雪3号等良种。于3月下旬在宽畦内按株距25厘米定植4行甘蓝(菜花),栽后浇水以利缓苗。如若能盖地膜,收获期会提早到5月上、中旬。甘蓝(菜花)净地后定植韭菜,每畦7~8行,穴距15厘米,每穴7~8株。韭菜选用平韭2号、791等良种。于3月上旬在保护地内育苗,甘蓝(菜花)收获后及时整地施肥定植。立秋后气温开始下降,对韭菜加强肥水管埋。辣椒于12月下旬温室育苗,选用豫艺农研13、豫艺农研16、豫艺农研301、洛椒4号等良种。翌年4月下旬定植在窄畦内一畦两行,株距50~60厘米。10月中下旬辣椒拉秧后,在韭菜畦上扎拱扣膜保护,从11~12月份根据市场需求随时收获头刀青韭。割后施肥、浇水、灌药治蛆,后继续扣膜、夜间盖草苫进行生产。只要秋季韭根养得好,元旦、春节还可收获2刀。

4. 苹果—韭菜

苹果为多年生木本植物。一般从定植到采收需3~4年。在幼树期树体间行株距间距大,可以充分利用间作其他作物减少草害。如果在其行间套种韭菜,收入远比套种麦、豆效益高得多。况且韭菜根浅、株矮对苹果影响不大。苹果采用红富士、华冠等良种。嫁接在中间砧木上进行矮化栽培。韭菜选用平韭2号、赛松等良种。苹果幼树期,韭菜春秋以露地生产为主,苹果进入结果期,利用冬季休眠期,韭菜覆盖保护以反季节生产为主,两者的生产盛期相互错开减少影响。

该模式以400厘米为一种植带(即苹果行距400厘米),株距200厘米,每667平方米栽83株。在苹果两侧距离100厘米做成200厘米宽畦定植韭菜,韭菜在3月上旬保护地育苗,6月上旬定植在果树行间,200厘米的畦内栽6行,穴距7~8厘米,每穴3~4株。也可于4月上旬开浅沟直播。韭菜当年以养根为主,如若长得旺,可于8月下旬至9月上旬收割1刀,进入秋凉季节,加强肥水供应,继续养根,一般不再收割。待经过冬季低温霜冻、地上部干枯回秧后,灌药治蛆、施肥、浇水。于12月中旬扎拱覆膜,夜间加盖草苫,一般盖后经45~50天即可收头刀。这茬韭菜因养根时间长，根养得好，因此，韭菜的质量高，又因正值春节，销路畅、价格也高。

5. 韭菜—蒜苗—番茄

该模式适宜在日光温室内进行反季节生产。200 厘米为 1 个种植带，其中 150 厘米做成宽平畦，50 厘米做成高 10 厘米的高畦。平畦内种韭菜，高畦内前期种蒜苗，蒜苗收获后栽种早熟番茄。该种植方式达到一年二茬，而且对一些结构简单、保温性差或北方寒冷地区冬季生产喜温的果菜类因温度低难以成功的温室，冬季安排耐寒性强的韭菜、蒜苗度过 12 月至翌年 1 月份的寒冷季节，早春再选择有一定耐寒性的早熟番茄。对一些地区和一些温室来说，该种植模式是因地制宜、科学保收的一种最佳选择。

4 月上旬露地培育韭菜苗，选择 791、平韭 4 号等良种。8 月上旬定植在温室宽畦内，每畦栽 5 行，开沟顺沟摆苗，株距 2 厘米覆土灌水。同时在 50 厘米的高畦上栽种 4 行蒜，品种可选二水早、软叶蒜等休眠期短的早熟品种，瓣距 2 厘米。覆土灌水后再覆 5～6 厘米厚的麦秸，降温保湿、促进早出苗。11 月上旬温室上覆膜防寒保温，但晴天注意放风，使室温不高于 25℃。11～12 月份韭菜可收获头刀，蒜苗在春节前陆续收完，净地后施肥、整地，于翌年 2 月中旬定植番茄，每窄畦栽 2 行，株距 30 厘米，每株留 3 穗果，每穗留 3～4 个果。番茄于 4 月中旬开始收获，5 月下旬拉秧后还可在窄畦上点种豆角、黄瓜等，但密度不可过大，防止对韭菜遮光过重，影响韭菜养根。

该模式的特点是充分利用了温室反季节栽培的性能，在不同季节，根据不同蔬菜对温度需求特点进行了合理安排。冬前蒜苗收获早，对韭菜生长影响小，后期韭菜处于养根阶段，对番茄影响不大。夏季在窄畦上栽种搭架的瓜豆类蔬菜，对韭菜稍加遮阳，有利于韭菜养根。

四、栽培技术

我国地域广阔,气候各异。韭菜喜凉、耐热,又有很强的耐寒性,南方温暖期冬季不回秧可以周年生产;中部温和区冬季近4个月(11月至翌年2月),露地不能进行生产,但可以采用不同形式的保护栽培,就能弥补这段时间市场韭菜的空缺,达到周年供应;北部寒冷区冬季只有在日光温室内选择无休眠类型的品种进行不回秧连茬生产,才能解决11月至翌年2月份市场韭菜的供应,收割3刀后刨去韭根,定植黄瓜等果菜类,进行一年两茬栽培极为普遍。大棚和拱棚栽培可作为该地3~5月春提前和9~11月份秋延后市场的补充。各地只要根据本地区的气候特点,科学安排各种不同的保护栽培形式与露地相配合,并选择适宜的韭菜品种,达到周年供应是完全可以的。

韭菜属多年生作物,种一次可收获多年,我国菜农曾有种1次可连续收获20年的种植经验。从科学、优质、高产和省工的角度出发,播种1次收获3~4年即可。因此,在生产中应该认真抓好以下几个方面工作。

(一)播种时间

韭菜种子在3℃~5℃下即可缓慢发芽,15℃~18℃为发芽适温。因此,早播可以早出苗、快生长,争取在100天的日历苗龄下,达到株高18~20厘米、达3~4片叶、有1/3幼苗出现一个分蘖的定植标准。温和区在麦收后(6月中旬)即时定植。早定植有利于利用酷暑来临前,在适宜的温度下缓苗、扎根,增加当年分蘖量和养分积累量,有利于冬季盖膜后或春季生产早萌动、早返青,另外,健壮的韭根对韭菜的产量影响尤大,尤其对头刀韭的产量更为明显。早定植可以躲过雨季到来时苗床内杂草丛生的弊病。为此,在气候温和区韭菜的适宜播种期在3月中旬至4月上旬。北部寒冷区可推迟15~20天,南部温暖区可提早约半个月。播种后在畦面上平盖一层薄膜四周压严,既保湿又增温,能促进早出苗,出苗后及时揭掉。如果是当年秋季收的种子,也可进行秋播育苗,播后扎拱棚盖膜保护越冬。

(二)繁殖方式

1. 直播 直播是在经过施肥、深犁、细耙后,按120~160厘米做成平畦,在畦内再按40厘米的行距开10厘米深、8~10厘米宽(播幅)的沟。种子按播幅的宽度均匀撒在沟内,覆土1.5厘米厚并稍加镇压,随即顺沟浇小水。这种深沟播、浅覆土,有利于培土软化和跳根后覆土护根。播种、覆土、顺沟浇水后,喷洒除草剂。根据笔者近几年在韭菜上试用的除草剂以33%的施田普(除草通)每667平方米用量120~150克,对水50~60升均匀喷洒效果为好。适宜韭菜上使用的除草剂还有地乐胺、50%利谷隆、50%扑草净,均需在韭菜出苗前按说明书要求使用。直播每667平方米用种量700克左右。

韭菜种子活力弱,寿命短,在一般自然贮藏条件下,它的寿命仅1年。因此,生产上不要用隔年陈籽。秋季收获的种子春季用。

直播虽可省去移栽手续,但幼苗分布面积大,管理费工。另外,出苗难均匀,稠稀不匀,甚至还会出现缺苗断垄,这都会为今后管理和高产带来一些困难。因此,作为多年生栽培的一般都不采用直播,而采取育苗移栽,但在东北寒冷区韭菜冬季进行温室一季生产,时间短,播种量要大(每667平方米播量4~5千克),才会有高产,一般采取直播。

2. 育苗 育苗是现在韭菜生产中普遍采用的一种方法,应该大力推广。移栽虽费工,但从长远来考虑,通过栽苗可以剔除弱苗,选择壮苗。还可根据品种分蘖力的强弱、打算种植的年限,来确定定植的密度。另外,同样种植面积采用育苗后移栽比直播要省近一半种子。首先施足底肥,犁耙整平畦后做成宽130~140厘米的平畦。然后浇足底水、撒籽、覆土1厘米后喷洒除草剂。这种先浇水再盖土的"盖种法",在春天多风少雨季节可减少浇水次数,甚至一水就可齐苗。避免了春天多次浇水降低土温而影响出苗的弊端。

每667平方米苗床用种量4.5~5千克,如果出苗均匀整齐,可供近5 336~6 670平方米(8~10亩)生产田移栽。播种后根据天气状况,如天旱无雨可浇1~2次水,如气温低,可在畦面上平盖一层薄膜,出苗后及时揭掉。

齐苗后的管理,一是苗床不能缺水,要视土壤墒情适时、适量浇水,苗高15厘米时要适当控水蹲苗,促进幼苗增粗,防止长得过高倒伏;二是发现苗床有杂草要及时拔掉。根据菜农经验,韭菜苗床管理90%的投工量用于除草。因此,播种后对苗床喷洒除草剂是育苗工作中重要的一个环节,不能忽视。苗床的墒情好,除草效果才会明显。一般喷过除草剂的苗床,90%的杂草都会被除掉。如果发现苗子长势弱,结合浇水每667平方米冲入尿素10千克。幼苗从出苗到长足3~4片叶需90~100天,此时即可准备定植。

3. 分株　多年生韭菜田由于多次分蘖、跳根使上升到近地面上的根茎得不到土壤保护而外露,土下的根茎又因时间过久,不断的在老朽。如果新根茎得不到土壤的保护,慢慢也会干枯死亡。再加上分蘖株每年都在增加,造成密度越来越大,地下营养状况、地上光照条件的恶化,导致群体内部的自我调节,其结果是大量分蘖死亡,产量明显下降,此时应及早毁掉重种或把老根挖出分株倒栽,时间一般在初冬或早春进行。把分蘖掰开呈单棵,剪去下部已经衰老、变空、变软的根茎部,重新按要求距离定植,栽后当年不割或只割一刀促进分蘖。

利用老韭根分株建新韭田,省种子,省去育苗工,当年还可收获韭薹,或韭花,或种子。但通过分株所栽的单株是从老韭根掰下来的,其活力没有当年播种形成的苗子壮,因此,从长远来看,建立新韭田仍以当年播种育苗长成的植株为好。

(三)栽培方式

1. **露地栽培** 目前保护地韭菜生产面积发展迅猛,但露地生产面积仍然占有绝对优势,是当前韭菜生产的主要形式,以气候温和的中部地区为例,因为它的收获期从3月份一直可延续到10月份,担负着全年8个月的市场韭菜供应。露地韭菜多数是割3~4刀青韭后,当年秋季还可收获韭薹,或韭花,或韭籽(当年播种定植的韭菜因没经过足够低温时间,秋季一般不会抽薹,只有经过冬季足够低温,到第二年才会抽薹、开花、结籽)。

(1)品种选择 目前791、平韭4号为露地韭菜生产的首选品种,因为它没有自然休眠特性,抗寒性强,品质好。平韭2号、杭州雪韭、山东独根红等也可作为露地回秧栽培的搭配品种。

(2)播种育苗 露地栽培直播和育苗均可,但从规范化、科学化栽培出发应该提倡育苗移栽。

(3)定植 早播的韭菜以春末夏初定植为宜,定植后炎夏还未来临,还有一段适宜生长期有利于发棵。如果播种晚或播种虽不晚,但因肥力差、管理跟不上导致苗小,也可推迟到立秋(8月上旬),炎夏即将结束,气温开始下降时再栽。定植过晚,缓苗后当年生长期过短不利于养分积累,翌春萌芽推迟,影响提早收获和产量。

韭菜生长期长,一年多次收获,产量高,需肥量大,特别是有机肥需一次施足,有利于改善土壤生长条件和延长供肥时间。一般结合犁地每667平方米施入充分腐熟的有机肥5 000千克以上做底肥。

露地韭菜的种植方式有沟栽和畦栽两种。沟栽行距为30~

35 厘米，沟深 8～10 厘米，株距 5～7 厘米，每穴 2～3 株，封土深度以叶鞘露出地面 2 厘米为宜。沟栽有利于每年韭菜跳根后不断地培土，培土也有助于叶鞘变白软化提高质量。沟栽的韭菜通过不断地培土，最后把沟变成垄，垄变为排水、灌水的沟。平畦栽，畦宽一般为 130～150 厘米，每畦栽 4～5 行。可开沟按株距 3 厘米栽苗，也可按 7～10 厘米开穴，每穴栽 2～3 株。露地栽培生长时间长达 3～4 年，密度适中，有利于分蘖，叶片宽厚，商品性好，也可防止过早衰老。为便于行间管理要采用尽量加宽行距，密度增加到株间内。露地韭菜每 667 平方米，栽 7 万～8 万株即可，在这个密度下产量高峰出现在第二至第三年，而且产品的叶宽、棵壮、品质好，市场的"卖相"也好。保护地生产因保留时间短，一般 2～3 年就要毁掉重栽，产量高峰出现在第二年，甚至有的第一年就要拿产量，因此，密度应大些，一般每 667 平方米可保苗 15 万～20 万株，有的甚至高达 30 万株，密度过大的当年收割 3 刀后就毁掉重种或挖出重新分株栽植。

(4)田间管理

①定植当年的管理　苗子定植后要及时浇水，保证充足水分以利缓苗扎根。大雨后还要及时排涝，防止淹苗。进入 9 月份，韭菜生长适宜期应肥水齐攻，保证畦面经常湿润，每隔半个月每 667 平方米追施尿素 15～20 千克。进入 10 月下旬气温降低，生长迟缓可停止追肥，减少浇水。进入 11 月份，低温来临，植株进入缓慢回秧期，地上部叶片经数次重霜、低温逐渐失水、变干。一般在 12 月中旬(寒冷区会提早)土壤结冻前浇 1 次封冻水。冬前的封冻水对保证根茎的安全越冬及翌春提早返青非常重要。尤其在寒冷的东北，冬季最低气温经常在 －20℃以下，休眠期达 6 个月之久，若土层中没有足够的贮备水分，根茎是难以安全越冬的。

定植第一年的韭菜，一般当年不收割，主要让叶片制造的养分冬季回流到根茎部增强植株抗寒性，以利安全越冬，更利于翌春早返青获高产。然而有些韭田定植早、地力壮、肥力供应及时，再加上栽的稠、密度大，当年就有可能出现铺满畦面的趋向。出现这种情况可割1刀，但不能过晚，割后在当地仍应有30～40天的生长期，让其有一定积蓄养分的生长期，有利于回秧。

②春季管理　开春后气温回升，地温也日渐升高，可及时搂去枯叶，在行间开10厘米深的沟，每667平方米施经过充分腐熟的饼肥350千克，或鸡粪1000千克并混入尿素20千克，撒入沟底，同时顺沟浇灌800倍液的辛硫磷，浇后封沟闷杀根茎部韭蛆的越冬幼虫。1周后药力已充分发挥了作用，可灌一水，数日后锄松以利提高地温促进萌芽、返青。一般当旬平均气温达到10℃时，即可收割头刀。郑州温和区一般在3月中下旬，东北寒冷区可能到4月中下旬收获头刀韭。头刀韭贵在早，因此，要求株高不超过20厘米。头刀韭是在冷凉天气下长成的，长得慢，因此，叶色深、假茎粗、味道浓，很受市场欢迎。如果在生长期间进行2次培土，深度达10厘米，收获时可形成绿色的叶片，叶鞘上部为黄色，下部为白色的"三色韭"。头刀收获后，把田间的碎叶、烂叶搂出捡净，隔2～3天待刀口愈合，可浇一水，锄松行间，拔去株间杂草。此时气温已经回升到韭菜最适宜的生长条件。一般头刀割后20余天又可收割二刀，第二刀的品质虽不如头刀，但它的产量远高于头刀。第二刀收获后每667平方米结合浇水冲入尿素30千克。从3月中下旬至5月上旬(郑州)，露地韭菜可连收3刀，每667平方米产量在2000～2500千克。进入6月，气温上升，光照增强，韭菜生长变慢，纤维增多，质地变差，一般不再收割，进入养根阶段，但要经常除草防止草荒。

③夏季养根期管理　夏季养根期一般要注意拔草、防雨后积水，因此，排涝工作不可忽视。收割间隔天数尽量延长，一般根据田间长势、郁蔽程度，尤其是市场价格来决定割否。有时因多时不割，叶子长得过深而倒伏在地上，通风不良，湿度过大，造成疫病发

生,最终腐烂。解决的办法:一是提早收割,二是在田间用竹竿和铁丝等立矮架把叶子搭在架上“晒根”,达到通风降湿目的。

④秋季管理　秋季气候凉爽,有利于韭菜生长,要抓住时机添肥增水,加强田间管理。根据田间生长情况收割1～3刀。如果叶片色深而宽,说明长势健壮;反之,叶子泛黄,要少割,甚至不割,尤其是采种田,9月下旬收籽后更要施肥、浇水,恢复长势进行养根,不能再割。

秋季收割一般在严霜来临前30～40天停止收割,让其有足够的时间恢复长势积蓄营养自然回秧,为越冬和春季返青准备条件。

有些菜农感到严霜来临把青青的叶子打软、打干很是可惜,因此,在寒冷来临前要收1刀,从露地栽培来看是得不偿失的,因为它直接影响到养分回流养根,不利于韭根的安全越冬和翌春的提早返青,甚至使头刀韭、二刀韭的产量和质量都有所下降。若进行温室生产或大棚多层覆盖秋冬连续生产,一般就不考虑回秧养根问题了。

韭菜以早晨收割为好,因为经过一夜的生长,品质格外鲜嫩,市场的价格好。收割要用锋利的铲刀或镰刀,钝刀易把叶鞘铲劈,影响商品质量。收割深度以离根茎部4厘米为好,过低伤着根茎,过高影响产量和品质。割后拣去碎叶、烂叶,让风吹干表面的水汽,再扎把装箱。

韭菜定植后当年以养根促进分蘖为主,一般不割,或最多收割1刀。第二年产量开始增加,到第三年因分蘖量的增多产量可达到最高,有的可持续到第四年,以后因田间群体过大、跳根、衰老等原因产量下降,此时就应该进行分株重栽或犁掉重种。

2. 温室栽培　日光温室是我国北部严寒地区冬季生产韭菜的重要形式。如在东北,冬季30%的日光温室是用于生产韭菜的。韭菜耐寒性强,对温度、光照条件要求不高,在中部温和区对于一些设备简陋,冬季生产喜温的果菜类有风险的温室,种植韭菜不愧为省工、保收、效益也很可观的实事求是的最佳选择。温室韭菜栽培形式有3种。

(1)秋冬连续生产　下霜前割1刀，也可在下霜前扣膜保护，再根据市场需求随时收割。连割3刀后，刨出韭根，施肥翻地，再栽种1茬黄瓜等果菜类(12月份在加温温室内育苗)，一年两茬。三刀韭菜的收获期正值冬季，且横跨冬至、元旦、春节，市场需求量大，价格不低。三刀韭菜667平方米的产量在3000千克左右。种好这茬韭菜必须抓好以下几个关键环节。

①选择不具有自然休眠特性，耐寒性强的品种　温室的保温性虽强于大棚、拱棚，可一旦遭遇连续阴雪低温天，室温长时间在10℃左右徘徊，若是选择无休眠特性的品种，即使遇到连续低温只是停止生长或生长缓慢，气温一旦回升即刻进入正常生长。温室秋冬连续生产目前应用最广泛的品种有791、平韭4号、杭州雪韭、西浦韭等。

②加大播种量，培育健壮的韭根　这茬韭菜从播到收获完毕不足8个月，因此，它的产量构成的主体不是依靠分蘖，而是依靠主茎。因而每667平方米的需苗量比露地生产要多出6~7倍，当年才能获得理想的产量。现在生产上习惯的每667平方米播种量为4~5千克。当年播种晚的可加大到7千克。播量过大，长出来的韭菜叶窄、茎细、商品性差。播量大小还与品种特性、土壤肥力状况有关。如果选用的是分蘖力强的791，土壤肥力大，建议把每667平方米的播量降至3~4千克，由于稍稀些，韭菜的商品性会更好些。

这茬韭菜每667平方米需苗量约在40万株左右，为减少育苗占地面积大，栽苗用工多，可于温室前茬果菜类拉秧后及时施肥整地，进行直接播种。最晚在6月下旬种完，出苗后有近5~6个月的生长养分累积期，冬季覆膜后才会高产。6月末气温高，不利于韭菜种子发芽，所以播前一定要将种子放在冷水中浸种20~24小时，除去上漂秕籽，用清水淘洗两遍，沥干水分放在无油污的干净盆内，上面用湿布盖严，置于阴凉的屋内催芽，催芽期每12小时翻动1次种子，以利透气和温度均匀一致，2～3天后，有30%出芽即可准备播种。具体方法是，在施足底肥的基础上，整平做成125～150厘米宽的平畦，在畦内按25厘米行距开10厘米宽(播幅)、10厘米深的沟，然后在沟内浇小水，水下洇后均匀撒籽，播后盖土厚度1厘米。然后在沟和垄上均匀喷洒除草剂。另一种方法是，春季在露地播种育苗，温室前茬果菜拉秧后及时定植的做法。因播种早，苗龄长，苗子长的壮，定植时又可按要求密度，苗子在田间分布均匀，相互间影响较小，产品的一致性也强。

③收割　秋冬连续栽培，秋季重点是养根贮备营养。初冬盖膜前(一般在当地早霜来前盖膜)、盖膜后白天要加大放风量，使室温最高不超过23℃，温度过高生长过快，叶子易泛黄，质量下降。可根据市场需求来决定收割与否。这茬韭菜重点供应是在冬至、元旦和春节。每收割1刀要顺水冲入尿素25千克，做到“刀刀跟肥，经常浇水”，促进生长。另外温室湿度大，要注意放风排湿，防止发生灰霉病。还要在每次收割后把畦面上的碎叶、烂叶清理干净，并用腐霉利(速克灵)800倍液对畦垄喷1次预防严重危害叶片的灰霉病的发生。韭菜长出7～8厘米高时再喷1次，达15厘米时再喷1次，一般连喷3次可基本上控制住灰霉病的发生。

这茬韭菜一般在春节后收割即可结束，挖出韭根，施肥整地抓紧定植下茬果菜。因为春季这茬果菜是温室生产的重点，因它供应期长，收入高。刨出的韭根在气候温和区可及时开行距25厘米的沟密栽在露地，加强肥水管理养根，夏秋季移入温室，冬季继续盖膜生产。

(2)全年生产　这种生产方式是全年占用温室，冬春收割3刀后，撤去薄膜夏季养根，在养根期间可酌情割1～2刀。抽薹后及时去薹不能采种。秋季加强水肥管理，冬季地上部完全回秧后再盖薄膜。这种回秧栽培方式,因盖的晚,一般头刀收获多在元旦和春节。收获虽推迟,但因回秧后养分贮备充足,所发出的韭芽粗壮,产量高,尤其是质量好。全年生产也可进行不回秧提前在重霜来前收获1刀,或覆膜后再收,其生产程序同秋冬茬栽培。二者的差别是全年生产用老韭根连续生产3~4年,因此,播种和定植密度要稀,是前者的1/5~1/4,第一年的产量虽低些,随着分蘖的增加,产量会逐年提高。3年以后随着植株的衰老,秋季可采1次种子,然后刨掉重种。另外,全年生产回秧栽培对品种的休眠特性没有严格要求,适宜的品种多,除选择无休眠特性的791、平韭4号、杭州雪韭、汉中冬韭外,还可选用具有自然休眠特性的品种平韭2号、山东独根红等。

(3)温室囤韭栽培　温室囤韭栽培是利用韭菜根茎中贮积的养分,在温室适宜的温度和水分环境中生长出来的韭芽,细嫩可口,品质极佳。

韭菜冬季经过低温,地上部完全干枯回秧后,挖出抖去根部所带的泥土后,堆放在温室温暖处,让其回暖后"苏醒"。在整平的畦面上,南北向开沟,沟宽20厘米,深12~15厘米。然后把已经回暖苏醒后的韭根,捆成直径10厘米的小捆,把过长的须根剪齐,紧紧地排在沟内,用土填平沟稍加踩实后灌水。因种植密度大,所以要经常浇水保持畦面潮湿。为了提高韭芽的商品性,还要根据生长快慢进行3~4次培土,每次培土都不可超过叶片与叶鞘的交界处。通过培土遮光叶鞘基部呈白色,上部黄色,叶片绿色,外观质量也十分诱人。一般白天20℃左右,夜间10℃左右,20余天株高15~16厘米即可收割头刀,长的过高显不出韭芽的特点。收后平掉培土垄,晒畦面继续生产。一般可收获3刀,头刀产量最高,以后逐渐下降,而且质量也变差。3刀收后刨出韭根弃之。

3. **大棚栽培**　大棚高度一般在2~3米,通风、光照条件好,内部宽敞便于操作。在内部还可以加盖中小拱棚或进行多层覆盖。据笔者观测,在河南省冬季大棚内搭建中小拱棚,或在大棚内进行3~4层覆盖,12月至翌年2月基本可以达到韭菜生长的温度要求,选择不具有自然休眠特性的品种进行不回秧生产。于11月上旬把开始回秧的韭菜割掉,行间开沟、施肥、灌药防治韭蛆,封沟后数日灌大水,松土扎拱扣棚。棚内进行3~4层覆盖后,约50余天就可收获头刀。这刀韭菜收获正值冬至,价位高,好销。第二刀可在春节前后收获。第三刀收后撤棚进行养根。如若进行单层覆盖,因一层薄膜防寒保温性差,只能进行回秧栽培。在河南省的气温条件下12月上旬80%的叶片干枯回秧后,搂去干叶,割掉黄叶,施肥、灌药、浇水后盖膜增温。覆盖后约60天收获头刀,一般要推迟到春节后才能收获(2月中旬)。

大棚栽培不论是回秧栽培还是不回秧栽培,均属于大棚全年栽培,播种1次连续生产3~4年,因此,它的播种、育苗时间,种植密度及管理方法与温室全年栽培基本相同,可以参照进行。

韭菜耐低温,适应性强,因此,低温季节种植的形式也很多,除温室、大棚外还有中拱棚、宽畦小拱棚、窄畦小拱棚、阳畦、风障畦等。这些形式多样的保护设施可以单独用,更可以相互配合,取长补短,效果更好。各地可结合本地区的气候特点、市场情况做好安排。

4. 韭黄生产 利用韭菜根茎中贮藏的营养在黑暗条件下,给予适宜的温度和水分就会生长形成蔬菜中的佳品——韭黄。韭黄在各种类型的保护设施中均可生产。例如大棚、拱棚中冬季建温床,床内埋设地热线或建火炕,床顶部严密遮光进行生产。利用温室适宜的温度条件,建地下式韭黄井窖(下挖2米深,面积大小根据韭根量而定。窖顶棚木杆,上盖草苫挡光)。半地下式窖为下挖50~60厘米,把挖出的土围在窖四周砌成框,窖顶棚架,上盖草苫遮光。只要窖内温度能维持在15℃~20℃,有充足的水分和遮光条件,经20余天根茎就可长出鲜嫩的韭黄。现重点介绍一下我国传统的地窖韭黄生产方法。窖形结构参照图 4-1 蒜黄栽培的井窖。冬季将叶片干枯充分回秧的韭根挖出，堆放在温暖地方让其回暖“苏醒”。然后把韭根理顺，蘸上稀泥(用 800 倍液敌百虫和泥防治韭蛆)，沿窖壁紧贴，一直把窖内囤满，后用喷壶喷水，直至水把根茎部浸没。后封严窖口，井窖是利用冬季地下深层适宜的温度进行生产。囤后 6～7 天打开窖口观察湿度，若水分不够，最好用温水再喷浇 1 次，及时把窖口盖严。一般 2 米深的窖，冬季可保持在 15℃以上，经 30 天左右就可长到 30 厘米长，即可达到收获标准。收割前先打开窖口充分通风换气，约半小时后再下窖操作，防止窖内缺氧发生窒息事故。头刀收后 2～3 天待伤口愈合，韭根上覆潮沙 3 厘米，7～8 天后再喷 1 次水，封住窖口继续生产，20 余天后可收割第二刀，收三刀后弃根。

头刀产量每平方米约 17 千克，最高可达 22 千克；二刀 8 千克，三刀 4 千克，3 刀合计每平方米约 30 千克。产量的高低与韭根的健壮程度有关，当年生韭根分蘖少，以 2～3 年生为好，既壮、韭根数量也大。窖韭黄种植密度大，需要韭根多，如果用 2～3 年的健壮韭根，生产 1 平方米韭黄需要 16 平方米育苗地为其培养韭根。

此外，夏季气温高、日照强，韭菜的纤维多、品质差。如果顺垄用高 33～35 厘米、直径 22 厘米的花盆把割后的韭根扣起来，20 余天揭开花盆就可收割到约 30 厘米高的金黄色的韭黄。育苗方法同前，只是定植时以穴栽为宜便于扣盆。穴与穴之间距离为 30 厘米。于 6 月下旬至 7 月上旬定植，每穴 20～25 株，当年不收割，翌春收割两刀后进行养根，到 7 月份割去地上部，清理畦面、灌水除松后逐穴扣盆，为防止盆内温度过高，可在每个盆顶部盖 3～4 厘米厚的盖土。20 余天当韭黄高度达到 30 厘米时，可于下午 6 时以后光照减弱，气温开始下降时收割。割后稍晾，散发水汽捆把装箱上市。花盆可以移至其他畦内继续扣黄生产。一畦韭根每年只能扣1次。扣过的韭根及时进行追肥、浇水，让其尽快恢复生长，当年不要再割，冬季让其自然回秧。露地生产韭黄一般在4~9月份，只要外界温度适宜，均可进行生产。覆盖的方式也有多种多样，除利用瓦盆外，还可顺垄扎拱架上覆多层黑色薄膜或牛皮纸(上再盖一层防雨薄膜)或草苫等。总之，只要温度适宜，形成完全的遮光环境就可生产出金灿灿的韭黄。

五、韭菜的贮藏保鲜

韭菜叶片鲜嫩，含水量高，采收后在常温下贮藏2天，品质就会大大下降，甚至腐烂。据冯双庆报道，韭菜采后预冷速度和贮藏温度是保鲜的基础，采后0℃下预冷1天，后加冰0℃下可贮藏7天，失水率为0，腐烂率为3.8%，而采后15℃条件下放置1天的韭菜，只能在0℃下贮藏，且7天的腐烂率超过13%。又据侯建设等对韭菜薄膜包装的冷藏效果试验表明：采用保鲜袋装都能很好地抑制韭菜脱水，但温度对韭菜的腐烂率有相当大的影响，9℃下腐烂严重，烂叶呈水浸状。而2℃条件下HDPE(保鲜袋)+$CaCO_3$或HDPE+分子筛及GBZX塑料保鲜袋不密封包装，可使韭菜的贮藏期达15天，脱水率1%左右，几乎不烂。

第六章　大蒜、韭菜病虫害无公害防治

一、大蒜、韭菜病虫害无公害综合防治原则

大蒜、韭菜病虫危害日渐呈一种上升趋势，尤其是近些年蔬菜面积的不断扩大，单一种植日益增多，保护地发展迅猛，农药的滥用。所有这些都是造成今天病虫种类增多，危害蔬菜日渐加重，代数重叠危害的时间加长，病虫的抗药性增强。这些问题的出现对实现蔬菜无公害生产带来一定的困难。然而，实现蔬菜无公害生产是经济发展的需要，是社会发展的必然。因为无公害蔬菜生产关系着广大人民身体健康，关系着人们生存环境不被污染，要坚持不懈地抓下去，要一抓到底。

目前在菜农中普遍存在着两种思想。一是认为既然提倡无公害，就一点农药、化肥都不能用。另一种是无公害生产与他无关，防病治虫仍然全靠农药，甚至剧毒、高残留农药也用。随意加大浓度，不按安全间隔期采收更是普遍。结果造成蔬菜中农药残留量超标。今后蔬菜市场将严格把关，没有准入证的难以进入市场，因此，生产者必须充分重视无公害蔬菜生产。在病虫害防治上要贯彻综合防治，不能单纯依靠农药。

（一）大蒜、韭菜病虫害综合防治

1. 选用抗病虫的品种　利用品种自身对病虫抗性的差异性，选择品质好、对本地环境适应性强，而又抗病虫的品种。

2. 加大有机肥用量 无公害大蒜、韭菜的施肥标准应该是：以有机肥为主，以化肥为辅，化肥氮与有机氮的比例为2:1。每667平方米保证施入经充分腐熟的优质有机肥5000～6000千克。化肥以多元素复合肥为主，以单元素化肥为辅，严格控制化肥用量，尤其是氮肥用量，禁止施用硝态氮化肥，达到平衡施肥的目的。防止氮肥过量、植株生长过旺，降低抗病性。

有机肥不但能提供大蒜、韭菜所需的各种营养，而且能够改良土壤，增强土壤的结构性，提高综合肥力，为大蒜、韭菜根系创造一个良好的生长环境，使植株长得健壮，提高抗病性。

3. 注意轮作倒茬、提倡间作套种 人多地少、人均占有耕地面积小，难以进行大面积的长时间的轮作换茬，尤其在一些蔬菜的主产区更是难以办到，这是我国目前蔬菜生产中难以解决的一大难题。然而从思想上应该充分认识轮作换茬对防止和减轻病虫危害的重要作用。通过经常变换田间作物种类，可以切断某些病虫的“食源”，达到农药防治难以达到的目的。菜区在大面积轮作换茬难以实现的情况下，应该提倡不同蔬菜之间、蔬菜与粮食作物间的间作套种，这实际上也属于一种小范围内的轮作换茬。

4. 培育壮苗 “一壮抗百病”，利用幼苗自身的抗性来抵抗病虫害的侵袭是我们一贯提倡的方法。育苗时除给予幼苗所要求的温、水、气、养条件外，还要解决好苗子的“全身见光”问题。苗子要稀，这是培育壮苗的关键。

5. 合理稀植、降低群体密度 密植是传统的种植方法，在当今市场重视质量的前提下减小群体密度，给个体一个充分发展的空间，通风、透光条件好，个体的生长潜力才能充分发挥出来，植株长得壮，抗病性自然会增强，产品的质量也才能提高。

6. 提倡高垄栽培 高垄栽培加厚土层有利于根系生长，根深叶茂苗才能壮，抗病性也才会增强。另外，高垄栽培，植株位于垄上，下部叶片通风透光好，湿度小，灌水不浸茎，伤口愈合快，减少了病害的侵入。高垄栽培与地膜覆盖相结合，既有利于壮根壮苗，又可降低田间湿度，减轻发病环境。

7. **推广节水灌溉** 改传统的大水漫灌为节水的小水缓灌。大水漫灌不能根据苗子不同时期的需水要求区别对待，有伤苗弊端，而且浪费很大。另外，经常的大水漫灌造成土壤板结，结构性遭到破坏，肥料流失，综合肥力下降，不利于苗子生长，田间湿度增大，田间发病条件增加。

8. **清洁田园、深耕土地** 菜田四周的杂草要彻底清除，根除病虫越冬场所。作物收后要带根拔出，彻底把残枝败叶携出菜田焚烧或深埋，降低病虫基数，减少再侵染源。深耕目的是破坏病虫的生存环境。一般要求深度在40厘米，借助自然条件，如低温、紫外线等杀灭部分病虫。

9. **提倡生物防治和物理防治** 农药对蔬菜的污染是所有污染源中最严重的一种，尤其是防虫的药剂对人体的健康危害更大。因此，无公害蔬菜生产，应该把对化学合成农药的使用当作头等大事来抓。尽量减少农药使用，除抓好综合防治外，还要提倡生物防治与物理防治。这两种方法是不会污染环境和产品的，应大力推行。

(1)生物防治 生物间的寄生关系、抗生关系、相互抑制关系、捕食关系等在自然界是普遍存在的，人们巧妙地利用这种关系来达到防虫治病目的被称为生物防治。常用的方法有：

①以虫治虫 七星瓢虫为蚜虫的天敌，菜青虫的天敌有金小蜂等。通过人工饲养这些有益昆虫并释放到菜田，达到“以虫吃虫”目的。

②以菌治虫、治病 利用有益微生物或微生物的代谢产物生产农药防治病虫。如Bt乳剂、阿维菌素、农抗120、武夷霉素、新植霉素、农用链霉素等生物制剂均属于生物发酵物中提取的抗生素，制成农药用来防治病虫，在生产中已经开始应用。目前蔬菜生产

中使用的农药特立克是由绿色木霉菌通过对病菌的消融而获取营养,扩大繁殖自身达到杀菌目的。越是有利于发病的环境,绿色木霉菌自身繁殖扩展愈快,药效越强,杀菌作用也愈大。

利用N-S弱病毒疫苗混合液接种到茄果类蔬菜上可有效地控制病毒,还有刺激蔬菜生长作用。

(2)物理防治　利用某种手段来达到阻隔、诱杀害虫目的称为物理防治。在菜田及温室、大棚通风口处悬挂银灰色薄膜条或铺银灰色地膜(内面黑色有除草作用,外面银灰色有驱避蚜虫作用)。在菜田放置黄色板(上涂机油)可诱杀蚜虫和白粉虱。利用性诱剂可诱杀多种害虫的雄成虫。在温室、大棚及拱棚的通风口处用防虫网封闭。在害虫猖獗的季节利用防虫网栽培以阻隔害虫的危害及产卵,这些行之有效的方法可以减少用药次数,甚至可以达到完全不用农药的目的。

(二)科学使用化学农药

实验表明,在当前生产水平条件下,如果不使用化学农药,有些蔬菜会减产80%以上。因此,不加分析地盲目禁止使用任何农药会给生产带来重大损失。不同农药对环境和产品污染的程度是不同的,生产中应该限制的是那些高毒、剧毒和在植物体内可以长时间积累的农药。而有些农药毒性非常低,在常规用量下十分安全。目前生产中使用的农药对人体健康危害较大的有:有机汞类农药、有机氯类农药、有机磷类农药、有机砷类农药和氨基甲酸酯类农药等。但这几类农药的毒性并不是都很强,如我们目前普遍使用的有机磷类农药和氨基甲酸酯类农药中有些品种的毒性很低。此外,杀菌剂中高毒的品种也很少。从我国目前蔬菜的生产水平出发,只要按规定要求使用,大多数在蔬菜上还是可以应用的。因此,发展无公害蔬菜不应拒绝农药。但使用农药应该严格遵循以下要求。

1. 严格执行农药使用准则 所有使用的农药都必须经农业部农药检定所登记,严禁使用未取得登记和没有生产许可证的农药,以及无厂名、无药名、无说明的伪劣产品。国家对每种农药都规定了最高用量、使用次数、施用方法和最后一次施药距收获期的天数(安全间隔期),见附录1。在病虫害防治中应严格执行,不允许任意提高药量(或浓度)、增加施药次数及缩短安全间隔期采收的做法。

2. 选择适宜的剂型轮换施用 农药的剂型很多,有喷粉用的粉尘剂、喷雾用的可湿性粉剂及乳油、熏烟用的烟熏剂等。如温室栽培冬季通风排湿少,为了避免室内湿度的增加,一般防虫治病可选用粉剂和烟熏剂。而且不要反复多次使用一种农药,应该轮换交替使用,以免产生抗药性。

3. 按国家规定有限度地使用 高效、低毒、低残留农药在国家规定的品种范围内可以使用,但也要按规定的用量、施药次数和安全间隔期。严格禁止使用国家已公布的禁用农药。

4. 禁用农药 下列农药禁止在大蒜、韭菜上使用:甲拌磷(3911)、治螟磷(苏化203)、对硫磷(1605)、甲基对硫磷(甲基1605)、内吸磷(1059)、杀螟威、久效磷、磷胺、甲胺磷、异丙磷、三硫磷、氧化乐果、磷化锌、磷化铝、甲基硫环磷、甲基异柳磷、氰化物、克百威、氟乙酰胺、砒霜、杀虫脒、西力生、赛力散、溃疡净、氯化苦、五氯酚、二溴氯丙烷、401、六六六、滴滴涕、氯丹及其他高毒、高残留农药。

5. 喷洒农药要遵守农药安全规程 配药时,配药人员要戴乳胶手套,必须按照规定计量称取药液或药粉,不得任意加量。拌药用工具,严禁用手拌药。拌过药的种子,手撒或点播时需戴手套。拌过药未用完的种子要销毁。

配药或拌种的地方要选在远离饮用水源、居民生活区。农药、已拌过药的种子都需专人看管,以防丢失或误食。

喷药应选在无风天,大风天和中午高温时停止喷药。药桶内药液不能装的过满,以防来回晃动时溢出桶外污染施药人员身体引起中毒。

喷药前对药械要认真检查每一部件,先用清水试喷,如都很正常后再装药使用。喷药人员要穿戴整齐,不能穿短裤、短袖衣衫,要戴上手套、口罩。喷药时不能吸烟、饮水、吃东西。更不准互相喷射嬉闹。喷药中途如喷头发生堵塞,不能用嘴吹、吸,要用水冲洗。在施过药的地方要树立警示标志,在一定时间内禁止进入挖野菜、割草等。

喷药结束后,把剩余药液和洗刷药桶的污水,应选择安全地方妥善处理,不能随意泼洒,更不能倒入井旁、河沟以防污染水源。清洗工作结束后,把药械、所剩农药放置安全地方妥善保管。然后用肥皂认真洗手脸并漱口。被农药污染的衣服也要换洗。在喷药过程中如果有头痛、头昏、恶心、呕吐等不适症状出现,应及时离开现场,脱去被污染的衣服,洗净手脸和皮肤等暴露部位,及时送往医院治疗。

(三)正确制定施药方法

蔬菜病害可分为由病菌引起的侵染性病害、由环境条件引发的非侵染性病害、由病毒引起的病毒性病害和由线虫引起的线虫病害。非侵染性病害只要找出原因,认真排除,病因就会消除。侵染性病害能够传染,其中以真菌病害为多,约占80%,其余为细菌性病害。病毒性病害也可传染,近些年呈上升趋势,患病后难治,要以防为主。这4类病害的症状不同,防治方法也各异,因此,防治前首先要识别属于哪种病害才能对症下药。

蔬菜害虫分为昆虫类、螨类、软体动物类三大类。昆虫类以其口器不同,分成刺吸式和咀嚼式两类。要根据不同害虫的取食特性,采用不同的农药来防治。只有选择对路,才能达到预期效果。

用药品种选择好后，要按说明书上的要求浓度来配制，不能任意加大或缩小。减小量防治效果不佳，加大量造成浪费，污染产品和环境，甚至有时还会产生药害。

使用农药时正确的混配，可以延缓抗药性的形成。同时还有可兼治多种病虫的作用，也省工省药。农药分中性、酸性和碱性三大类。混配时要同类性质的农药相混配，中性与酸性也可相混配，但是凡在碱性条件易分解的有机磷杀虫剂以及西维因、代森铵等都不能和石硫合剂、波尔多液混用。为了防止单一用药产生抗药性，有的农药出厂时已经制成复配剂。如48%瑞毒霉锰锌是由48%代森锰锌与10%的瑞毒霉(甲霜灵)混合而成的。

二、大蒜、韭菜主要病虫害及防治方法

大蒜、韭菜属于同科(百合科)同属(葱属)的植物，因此，二者会遭到近似的病虫危害。

(一)病　害

1. 灰霉病

(1)症状　灰霉病俗称白点病，在韭菜保护地栽培中已经成为危害最严重、最普遍的一种叶部病害。除危害韭菜外还可危害大蒜。主要危害叶片，初在叶顶部逐渐向下发展蔓延，叶片上产生白色至灰白色斑点，随后扩大为椭圆形或梭形病斑，多个病斑相互连在一起使叶片干枯。湿度大时，病部密生灰褐色霉层。该病还可从刀口侵入引起整株腐烂。

灰霉病近几年在大蒜产区也日渐严重。据张洪才(1998)报道，山东省苍山县每年大蒜灰霉病的发病率占大蒜种植面积的70%。大蒜灰霉病多发生在大蒜生长的中后期和蒜薹贮藏期。从下部老叶顶端开始发病，逐渐向下蔓延，其症状与在韭菜上侵染相

近。冷库贮藏蒜薹先从顶梢部开始发病，以后向下蔓延，造成蒜薹腐烂。

(2)传播途径及发病条件　病菌随病残体在土壤和病株上越冬，随气流、雨水、灌水传播，进行初侵染和再侵染，夏季高温产生菌核越夏。低温高湿发病重。遇阴雨天，尤其是保护地生产中通风少、湿度大、发病重。另外，土壤粘重、排水不良、密度过大、通风不良、氮肥用量大、生长细嫩等，都是引起病情加重的一些原因。

(3)防治方法　保护地韭菜生产除注意通风排湿外，在每次收割完后应把散落地面上的病叶捡净焚毁，并在畦面普遍喷 1 次杀菌剂。韭菜每长高 6～7 厘米，喷药保护 1 次，直至收获前 7～10 天停止用药。

防治大蒜灰霉病要控制密度不可过稠，减少氮肥用量，注意磷、钾肥施用。蒜苗覆膜栽培要注意通风。蒜薹冷库贮藏中，要经常注意擦去保鲜袋内的水滴。

药剂防治可用 10%腐霉利烟剂，每 667 平方米用药 260～300 克，密闭棚室，分散点燃，熏 1 夜，或 6.5%多菌霉威粉尘剂，每 667 平方米用药 1 000 克，每 7 天喷 1 次，或用生物制剂特立克 800 倍液每 7 天喷洒 1 次。

2. 韭菜疫病

(1)症状　疫病是夏季高温多雨季节韭菜经常发生的一种病害。根、茎、叶、花薹都可被侵染，尤以叶鞘，根茎受害为重。叶片、花薹多从中下部染病，病部初呈亮绿色水浸状，扩大后失水缢缩，引起腐烂，湿度大时，病部产生白色稀疏霉层，根茎部受害褐变腐烂。

(2)传播途径及发病条件　病菌以菌丝或厚垣孢子随病残体在土中越冬，翌年条件适宜时产生孢子囊和游动孢子，侵染韭菜引起发病。病菌发育温度为 12℃～36℃，以 25℃～32℃最为适宜。田间湿度大，病菌产生孢子囊，借风雨、农事操作传播蔓延，重复侵染。该病还可危害大蒜。

(3)防治方法　用5%百菌清粉尘剂,每667平方米用药1000克,7天1次。发病初期用60%甲霜铜可湿性粉剂600倍液,或72%霜霉威水剂800倍液,或65%琥·乙磷铝可湿性粉剂600倍液灌根或喷雾,10天1次,交替使用2~3次。

3.大蒜病毒病　大蒜病毒病又称花叶病。属于世界性病害,因为它会引起大蒜的种性退化,造成减产,而且可以代代相传,危害极大。

(1)症状　大蒜病毒病是由多种病毒复合侵染引起的,其症状有:叶片出现黄色条斑、叶片扭曲、开裂、折叠,叶尖干枯,萎缩;植株矮小、瘦弱,心叶停止生长,根系发育不良,呈黄褐色;不抽薹或抽薹后蒜薹上有明显的黄色斑块。只有能识别田间带毒植株,淘汰带毒病株,才能做好留种,减少退化,保证产量。

(2)传播途径及发病条件　蚜虫和蓟马是病毒的主要传播者。这些害虫从病株上吸取汁液后,就成为带毒者到处传播。高温干旱有利于蚜虫、蓟马的发生。大蒜植株在田间感染病毒病,当年并不表现症状,当用已经染病的种子播种,所长成的新株上才表现症状。尤其在肥水不足、管理粗放、长势弱的情况下,其症状更为明显。

(3)防治方法　采用脱毒大蒜做种,这是解决大蒜因病毒引起减产的最好办法。大蒜繁殖系数低,给生产中大面积扩种无毒蒜种带来一定困难。即使采用无毒蒜种,若不注意保种,仍然还会造成退化,所以防止大蒜退化是在选用无病毒大蒜做种的基础上,还需配合一系列防范措施,做好保种、留种工作。具体防范措施有:第一,蒜田周围和蒜田的杂草冬前要除净,减少传毒虫害的越冬场所。在大蒜生长期间要注意喷药防虫。用脱毒蒜做原种的留种田要用防虫网隔离,阻止传毒害虫进入田间。第二,蒜田周围不要种植洋葱、大葱、韭菜,也不要与这些蔬菜进行轮作。第三,生产田大蒜收获前,到田间选那些茎粗、叶肥、蒜头肥大的做种。单收,充分晾干,放在通风处贮藏;对留种田要经常检查,发现病株要及时拔除。第四,蒜肉发黄的瓣、变软的瓣应淘汰,绝不能做种。第五,加大生产田的肥水管理,培育健壮植株,增强自身的抗病性。第六,以防为主,在大蒜返青生长以后,喷洒2~3次20%病毒A 800倍液,或1.5%植病灵1000倍液。

4、**大蒜紫斑病** 又名黑斑病,除危害大蒜外,还危害大葱、洋葱等葱蒜类蔬菜,在我国南北各地均有发生。

(1)*症状* 主要危害叶片,初期在叶上出现白色、稍凹陷的小斑点,病斑中央呈浅紫色。以后扩大呈椭圆形或纺锤形,紫色,稍凹陷。潮湿天,病斑上出现黑色霉状物,即分生孢子,常形成同心轮纹状。条件适宜,病斑扩大导致叶折断。

(2)*传播途径及发病条件* 病菌以菌丝体或分生孢子附着在病残体上于土壤中越冬。翌春分生孢子借气流、雨水传播,从气孔、伤口侵入,在24℃~27℃下最宜发病。温暖多湿、连阴雨、缺肥、植株生长衰弱、蓟马危害造成伤口时发病重。

(3)*防治方法* 播种前用50%多菌灵拌种,用药量为蒜种量的0.5%或用40%多菌灵胶悬剂50倍液浸种4小时,预防种瓣带菌。避免与葱蒜类作物连作,要进行3年以上轮作。发病初期喷50%托布津可湿性粉剂600倍液,或70%代森锰锌可湿性粉剂500倍液,或64%杀毒矾M_8可湿性粉剂500倍液。

(二)虫　害

危害大蒜、韭菜的主要虫害有:地蛆、蚜虫、葱蓟马等。

1. **地蛆** 俗称韭蛆、蒜蛆。常见的是种蝇和葱蝇的幼虫。种蝇成虫个体比家蝇小,体长约6毫米,暗褐色,头部银灰色,全身有黑色刚毛,翅透明。幼虫体细长,头黑色,无足。裸蛹,羽化前为灰黑色。地蛆的危害尤以韭菜为重,其次为大蒜。

(1)危害症状　幼虫为腐食性害虫，群集于地下蛀食根茎(韭菜)、鳞茎(大蒜)，导致地下部腐烂，叶片泛黄、下垂，用手轻轻即可拔出，最终死亡。韭菜一旦经韭蛆危害，虽经防治，当年也难以萌发新芽，需经一段时间恢复、分蘖，才能重现生机。

(2)发生规律　韭蛆以老熟幼虫或蛹在韭菜根茎和大蒜鳞茎及根际周围3～4厘米的土层中越冬。1年发生2～6代，发生代数随地区南移而增多，中原地区每年发生3～4代。春季露地气温回至旬平均温度达到13℃时，就可发生危害。一般在春季4～5月，秋季9～10月份危害较重，夏季潜入土层下部，危害减轻。成虫具有很强的趋臭性，凡施入未腐熟的肥料所发出的臭味，或大蒜、韭菜所散发的气味，尤其是大蒜“烂母期”和韭菜收割时的那种浓浓的气味都会吸引成虫在植株周围湿润的土缝和土块下产卵，孵化后进入土层危害。据观察，播种当年的韭菜危害轻，2年以上危害加重。

(3)防治方法　一是施用充分腐熟的肥料，或在有机肥沤制前，用800～1000倍的90%敌百虫液喷洒，充分混匀，然后堆集腐熟，可起到杀灭和预防的效果。追肥时更不能冲施未经沤制腐熟的人粪尿。另外，底肥要结合犁地施入20厘米深土层下，追肥要开10厘米深沟，施后封沟。二是在韭菜春季发芽前、大蒜返青前，幼虫发生初期用2.5%敌百虫粉撒在植株基部土表层。或将90%敌百虫粉剂配成800倍液，或40%辛硫磷乳剂1000倍液，或2.5%溴氰菊酯乳油2000倍液，以及其他菊酯类农药如氯氰菊酯、氰戊菊酯、功夫等，装在喷雾器中，将喷头中的旋水片取出，对准植株注入根部，消灭早期幼虫。对韭菜可于发芽前，顺垄开沟结合追肥把药灌在根部，然后封沟镇压进行熏杀。三是用糖醋液诱杀成虫。用糖、醋、酒、水，按3:3:1:10的比例加入1/10的90%敌百虫配制成混合液，分装在碗中，每667平方米放置8～10个，5～7天更换1次，隔日加醋1次。

2. 葱蓟马 葱蓟马又叫烟蓟马、棉蓟马。主要危害葱、蒜、韭菜,还可危害瓜类和茄果类。

该虫成虫体细长约1.3毫米、体宽0.3毫米、翅展1.8毫米。体色从淡黄至深褐色。若虫如针头大小,体呈淡黄色,形似成虫但无翅。

(1)*危害症状* 葱蓟马主要以成虫和若虫潜藏在植株的叶鞘内和叶面上吮食汁液,致使叶上留下白色的长形斑点布满叶片,影响光合作用。

(2)*发生规律* 葱蓟马在温暖的南方1年可发生10余代,在中原温和区发生3~4代。葱蓟马成虫善飞翔,可借风势传播。怕光,白天躲在叶背或叶鞘内,早、晚和阴天移至叶面危害。成虫在叶鞘中产卵、孵化。冬季成虫和若虫在叶鞘、杂草、枯枝落叶和土缝中越冬。葱蓟马喜温暖、少雨干旱的天气,雨后数量明显减少,危害减轻。在温和的中原地区,危害主要集中在5~6月份,尤以干旱年份危害更会加重。

(3)*防治方法* 第一,清洁田园。冬季韭田回秧后的干叶一定要尽早搂净,大蒜、韭菜田附近的杂草、落叶等都要清理干净集中烧掉,根除越冬场所,减少虫源。第二,春季温暖干旱季节要注意及时浇水,增加田间湿度,控制蓟马的繁殖和活动。第三,要经常到田间检查,发现危害症状,及时喷药防治。用40%辛硫磷乳油1000倍液,或80%敌敌畏乳剂1000倍液,或50%灭蚜松1000倍液,连续喷洒2~3次。

3. 葱斑潜叶蝇 俗称夹叶虫、叶蛆。可危害葱蒜类以及多种蔬菜。成虫为体长2~3毫米的蝇子,翅透明。幼虫长圆筒形,体长约3毫米,体表光滑,孵化初期为乳白色,后变为黄褐色。

(1)*危害症状* 成虫产卵多在嫩叶背面边缘的叶肉组织内。1只雌虫可产卵40~90粒。卵孵化后在叶内上下表皮间蛀食叶肉,致使被害叶片上形成弯曲的隧道,叶片的生理功能大大下降。

(2)发生规律　葱斑潜叶蝇在气候温和中原区,1 年发生 4~5 代,以蛹在土中越冬。春季当旬平均气温上升至 15℃,羽化出现成虫,在韭叶、蒜叶背部靠近边缘处的叶组织内产卵,孵化后幼虫潜入叶内啃食叶肉,开始危害形成隧道状。老熟幼虫在隧道末端化蛹,或在叶表皮破裂后落入土中化蛹。

(3)防治方法　一是清除田间受危害的叶片,集中焚烧根除隐患。二是在产卵盛期和幼虫孵化初期,喷 75%灭蝇胺 4 000~5 000 倍液,或 2.5%溴氰菊酯 1 500~2 000 倍液进行防治,或1.8%虫螨立克(阿维菌素) 2 000~3 000 倍液,或 48%乐斯本乳油1 000 倍液,每 6~10 天喷洒 1 次,连喷 2~3 次,即可达到理想的防治效果。

附录1 蔬菜常用农药及植物生长调节剂的施用浓度和安全间隔期

农药名称	常用药量或稀释倍数	最多使用次数	安全间隔期(天)
敌百虫 90%SP	800～1000	3(1)	7(10)
敌敌畏 80%EC	1000	3(1)	5(10)
乐果 40%EC	800～1000	3(1)	7(15)
蔬果磷(水杨硫磷)25%EC	800～1000	3	10
亚胺硫磷 25%EC	800	2	7
辛硫磷 50%EC	1000～1500	2(1)	7(10)
低毒硫磷 50%EC	1500	3	7
杀螟松 50%EC	1000	2	10
二嗪磷 40%EC	1000	2	10
乙酰甲胺磷 40%EC	500～1000	2	7
喹硫磷 25%EC	500～800	3	7
伏杀硫磷 35%EC	400～500	2	10
杀虫畏 20%EC	800	2	3
克蚜星 40%EC	600	3	7
吡虫啉(大功臣)10%WP	4000～6000	1	10
抗蚜威(辟蚜雾)50%WP	2500	2(1)	7(10)
灭蚜松 20%WP	1000	2	7
杀虫双 25%SL	400～500	2	15
灭杀毙(增效氰马)21%EC	4000	1	10
杀螟丹(巴丹)90%SP	1000	2	21
灭多威(万灵)24%SL	1000	2	7
七星宝 40%EC	600	2	7
定虫隆(抑太保)5%EC	2000	3(1)	7(甘蓝 12)
氯吡磷(毒死蜱、乐斯本)48%EC	1000～1200	3	7
伏虫隆(农梦特)5%EC	1200	2	10

续附录 1

农药名称	常用药量或稀释倍数	最多使用次数	安全间隔期(天)
齐墩螨素(虫螨克)1.8%EC	3000~4000	1	7
氟唑磷(米乐尔)3%GR	2~2.5 千克/667 平方米	2	土壤处理
密达杀螺剂 6%GR	0.5~0.7 千克/667 平方米	2	药土处理
灭蜗灵 8%GR	1.5~2 千克/667 平方米	2	药土撒施
醚菊酯(多来宝)10%EC	1500~2000	3	7
顺式氯氰菊酯(高效灭百可)10%EC	5000	3	3
氯氰菊酯(兴棉宝)10%EC	2000~3000	3(1)	3(叶菜 7,番茄 5)
溴氰菊酯(敌杀死)2.5%EC	1500~3000	3(1)	2(叶菜 7)
氰戊菊酯(速灭杀丁)20%EC	1500~3000	3(1)	5(叶菜 15,番茄 10)
氟氯氰菊酯(百树得)5.7%EC	2000	3(1)	7
三氟氯氰菊酯(功夫)2.5%EC	1500~2000	3	7
顺式氰戊菊酯(来福灵)5%EC	4000~6000	3	3
甲氰菊酯(灭扫利)20%EC	2000~2500	3	3
氯菊酯(二氯苯醚菊酯)10%EC	2500~5000	3	2
联苯菊酯(天王星)2.5%EC	2000~3000	3	4
克螨特 73%EC	2000	2	7
双甲脒(螨克)20%EC	1000~2000	1	30
噻螨酮(尼索朗)5%EC	1500~2500	1	30
三唑锡(倍乐霸)25%WP	1000		21
氟虫脲(卡死克)5%EC	2000		10~14
丁虱净(扑虱灵)10%WP	1000		11
除虫脲(灭幼脲 1 号)25%WP	1500		11
灭幼脲 3 号 25%悬浮剂	2000		15
王铜(氧氯化铜)30%悬浮剂	600	4	1
双效灵 10%SL	2000	3	2

续附录1

农药名称	常用药量或稀释倍数	最多使用次数	安全间隔期(天)
恶霜锰锌(杀毒矾)64%WP	500	3	8
甲霜铜 50%WP	500～600	3	3
甲霜灵锰锌 58%WP	500～600	3	3
代森锌 80%WP	600	3	15
代森锰锌 70%WP	300	2	15
多菌灵 50%WP	500～600	2(1)	5(黄瓜 10)
甲基硫菌灵(甲基托布津)70%WP	800～1000	3	5
灭病威 40%SL	600～800	3	5
琥胶肥酸铜(DT)30%悬乳剂	400～500	4	3
络氨铜 14%SL	300	3	7
琥乙磷铝(DTM)60%WP	600	3	7
百菌清 75%WP	600	3(1)	7(番茄 30)
三唑铜(粉锈宁)25%WP	1000	2	3
乙烯菌核利(农利灵)50%WP	1000	2	4
腐霉利(速克灵)50%WP	1200～1500	3(1)	1(黄瓜 5)
氟菌唑(特富灵)30%WP	1500～2000	2	3
霜霉威(普力克)72.2%SL	400～600	3	10
氢氧化铜(可杀得)77%WP	500	3	7
克露 72%WP	1000		5
新万生 80%WP	600～800		5

注:1. 农药剂型 SP(可溶性粉剂)、EC(乳油)、WP(可湿性粉剂)、SL(浓缩可溶剂)、GR(颗粒剂)

2. 灭多威(万灵)仅限甘蓝上使用

3. 凡经国家批准登记可在蔬菜上使用的新农药,如暂无农药残留限量、使用次数及安全间隔期的,可参照农药说明书使用

4. 括号内的数字为A级绿色食品蔬菜生产要求的限制值

附录2　NY 5010 — 2002
无公害食品　蔬菜产地环境条件

前　　言

本标准是对2001年9月3日发布的NY 5010 — 2001《无公害食品　蔬菜产地环境条件》的修订。本次修订删除了无公害蔬菜产地和环境的术语和定义,删除了环境空气质量要求中的二氧化氮指标、灌溉水质量要求中的氟化物指标、土壤环境质量要求中的铜指标,修改了环境空气质量要求中的二氧化硫、氟化物指标,灌溉水质量要求中的总镉、总铅、粪大肠菌群指标,土壤环境质量要求中的镉、汞、铅、砷指标的浓度(含量)限值与适用范围。

自本标准发布之日起,NY 5010 — 2001《无公害食品 蔬菜产地环境条件》即行废止。

本标准由中华人民共和国农业部提出。

本标准修订单位:农业部环境质量监督检验测试中心(天津)。

本标准主要修订人:高怀友、刘凤枝、李玉浸、刘萧威、郑向群。

本标准所代替的历次版本发布情况为:NY 5010 - 2001。

1　范围

本标准规定了无公害蔬菜产地选择要求、环境空气质量要求、灌溉水质量要求、土壤环境质量要求、试验方法及采样方法。

本标准适用于无公害蔬菜产地。

2　规范性引用文件

下列文件中的条款通过本标准的引用而成为本标准的条款。凡是注日期的引用文件,其随后所有的修改单(不包括勘误的内容)或修订版均不适用于本标准,然而,鼓励根据本标准达成协议的各方研究是否可使用这些文件的最新版本。凡是不注日期的引用文件，其最新版本适用于本标准。

GB/ T 5750　生活饮用水标准检验方法

GB/ T 6920　水质　pH 值的测定　玻璃电极法

GB/ T 7467　水质　六价铬的测定　二苯碳酰二肼分光光度法

GB/ T 7468　水质　总汞的测定　冷原子吸收分光光度法

GB/ T 7475　水质　铜、锌、铅、镉的测定　原子吸收分光光度法

GB/ T 7485　水质　总砷的测定　二乙基二硫代氨基甲酸银分光光度法

GB/ T 7487　水质　氰化物的测定　第二部分 氰化物的测定

GB/ T 11914　水质　化学需氧量的测定　重铬酸盐法

GB/ T 15262　环境空气　二氧化硫的测定　甲醛吸收-副玫瑰苯胺分光光度法

GB/ T 15264　环境空气　铅的测定　火焰原子吸收分光光度法

GB/ T 15432　环境空气　总悬浮颗粒物的测定　重量法

GB/ T 15434　环境空气　氟化物的测定　滤膜·氟离子选择电极法

GB/ T 16488　水质　石油类和动植物油的测定　红外光度法

GB/ T 17134　土壤质量　总砷的测定　二乙基二硫代氨基甲酸银分光光度法

GB/ T 17136　土壤质量　总汞的测定　冷原子吸收分光光度法

GB/ T 17137　土壤质量　总铬的测定　火焰原子吸收分光光度法

GB/ T 17141　土壤质量　铅、镉的测定　石墨炉原子吸收分

光光度法

NY/ T 395　农田土壤环境质量监测技术规范

NY/ T 396　农用水源环境质量监测技术规范

NY/ T 397　农区环境空气质量监测技术规范

3　要　求

3.1　产地选择

无公害蔬菜产地应选择在生态条件良好,远离污染源,并具有可持续生产能力的农业生产区域。

3.2　产地环境空气质量

无公害蔬菜产地环境空气质量应符合表1的规定。

表1　环境空气质量要求

项　　目		浓度限值			
		日平均		1h平均	
总悬浮颗粒物(标准状态)(mg/m^3)	≤	0.30		–	
二氧化硫(标准状态)(mg/m^3)	≤	0.15[a]	0.25	0.50[a]	0.70
氟化物(标准状态)($\mu g/m^3$)	≤	1.5[b]	7	–	–

注:日平均指任何1日的平均浓度;1h平均指任何一小时的平均浓度。

a　菠菜、青菜、白菜、黄瓜、莴苣、南瓜、西葫芦的产地应满足此要求。

b　甘蓝、菜豆的产地应满足此要求。

3.3　产地灌溉水质量

无公害蔬菜产地灌溉水质量应符合表2的规定。

表2　灌溉水质量要求

项　　目		浓度限值	
pH值		5.5～8.5	
化学需氧量(mg/L)	≤	40[a]	150
总汞(mg/L)	≤	0.001	
总镉(mg/L)	≤	0.005[b]	0.01

续表 2

项目		浓度限值	
总砷(mg/L)	≤	0.05	
总铅(mg/L)	≤	0.05[c]	0.10
铬(六价)(mg/L)	≤	0.10	
氰化物(mg/L)	≤	0.50	
石油类(mg/L)	≤	1.0	
粪大肠菌群(个/L)	≤	40000[d]	

注:a　采用喷灌方式灌溉的菜地应满足此要求。

b　白菜、莴苣、茄子、蕹菜、芥菜、苋菜、芜菁、菠菜的产地应满足此要求。

c　萝卜、水芹的产地应满足此要求。

d　采用喷灌方式灌溉的菜地以及浇灌、沟灌方式灌溉的叶菜类菜地应满足此要求。

3.4　产地土壤环境质量

无公害蔬菜产地土壤环境质量应符合表 3 的规定。

表 3　土壤环境质量要求　(单位:毫克/千克)

项目		含量限值					
		pH<6.5		pH 6.5~7.5		pH>7.5	
镉	≤	0.30		0.30		0.40[a]	0.60
汞	≤	0.25[b]	0.30	0.30[b]	0.50	0.35[b]	1.0
砷	≤	30[c]	40	25[c]	30	20[c]	25
铅	≤	50[d]	250	50[d]	300	50[d]	350
铬	≤	150		200		250	

注:本表所列含量限值适用于阳离子交换量>5cmol/kg的土壤,若≤5cmol/kg,其标准值为表内数值的半数。

a　白菜、莴苣、茄子、蕹菜、芥菜、苋菜、芜菁、菠菜的产地应满足此要求。

b　菠菜、韭菜、胡萝卜、白菜、菜豆、青椒的产地应满足此要求。

c　菠菜、胡萝卜的产地应满足此要求。

d　萝卜、水芹的产地应满足此要求。

4 试验方法

4.1 环境空气质量指标

4.1.1 总悬浮颗粒物的测定按照 GB/ T 15432 执行。

4.1.2 二氧化硫的测定按照 GB/ T 15262 执行。

4.1.3 氟化物的测定按照 GB/ T 15434 执行。

4.2 灌溉水质量指标

4.2.1 pH 值的测定按照 GB/ T 6920 执行。

4.2.2 化学需氧量的测定按照 GB/ T 11914 执行。

4.2.3 总汞的测定按照 GB/ T 7468 执行。

4.2.4 总砷的测定按照 GB/ T 7485 执行。

4.2.5 铅、镉的测定按照 GB/ T 7475 执行。

4.2.6 六价铬的测定按照 GB/ T 7467 执行。

4.2.7 氰化物的测定按照 GB/ T 7487 执行。

4.2.8 石油类的测定按照 GB/ T 16488 执行。

4.2.9 粪大肠菌群的测定按照 GB/ T 5750 执行。

4.3 土壤环境质量指标

4.3.1 铅、镉的测定按照 GB/ T 17141 执行。

4.3.2 汞的测定按照 GB/ T 17136 执行。

4.3.3 砷的测定按照 GB/ T 17134 执行。

4.3.4 铬的测定按照 GB/ T 17137 执行。

5 采样方法

5.1 环境空气质量监测的采样方法按照 NY/T 397 执行。

5.2 灌溉水质量监测的采样方法按照 NY/T 396 执行。

5.3 土壤环境质量监测的采样方法按照 NY/T 395 执行。

附录3 NY/T 5001—2001 无公害食品 韭菜

1 范围

本标准规定了无公害食品韭菜的定义、要求、试验方法、检验规则、标志、包装、运输和贮存。

本标准适用于叶用韭菜。

2 规范性引用文件

下列文件中的条款通过本标准的引用而成为本标准的条款。凡是注日期的引用文件,其随后所有的修改单(不包括勘误的内容)或修订版均不适用于本标准,然而,鼓励根据本标准达成协议的各方研究是否可使用这些文件的最新版本。凡是不注日期的引用文件,其最新版本适用于本标准。

GB/T 5009.11 食品中总砷的测定方法

GB/T 5009.12 食品中铅的测定方法

GB/T 5009.15 食品中镉的测定方法

GB/T 5009.17 食品中总汞的测定方法

GB/T 5009.18 食品中氟的测定方法

GB/T 5009.20 食品中有机磷农药残留量的测定方法

GB/T 8855 新鲜水果和蔬菜的取样方法

GB 14875 食品中辛硫磷农药残留量的测定方法

GB 14876 食品中甲胺磷和乙酰甲胺磷农药残留量的测定方法

GB 14878 食品中百菌清残留量的测定方法

GB/T 15401 水果、蔬菜及其制品 亚硝酸盐和硝酸盐含量的测定

GB/T 17331 食品中有机磷和氨基甲酸酯类农药多种残留的测定

GB/T 17332　食品中有机氯和拟除虫菊酯类农药多种残留的测定

中华人民共和国农药管理条例

3　术语和定义

下列术语和定义适用于本标准。

3.1

同一品种　same variety

植物学特征及生物学特性相同的品种。

3.2

鲜嫩　freshness

叶鲜亮，质地细嫩，未纤维化，易折断，挺拔，组织充实、饱满，叶尖无萎蔫。

3.3

整修　trimming

收割后的韭菜不带残留茎盘、泥土、水分、杂草及其他杂质，切割断面整齐，捆把松紧适度，无黄叶，单株不散叶。

3.4

枯梢　tip wichered

叶片尖端枯黄或干枯。

3.5

冻害　freezing injury

冰点以下低温环境中组织冻结，解冻后无法恢复正常而造成的伤害。

3.6

韭薹　chives stem

韭菜内出现的幼薹或成薹。

3.7

机械伤　mechanical woundness

因机械外力所造成的损伤。

3.8

异味 off-flavor

3.9

株长 plant length

假茎最下端到最长叶片尖端的距离。

3.10

整齐度 uniformity

韭菜株长的长短一致性,用株长平均值乘以(1±8%)表示。

4 要求

4.1 感官

无公害食品韭菜的感官应符合表1的规定。

表1 无公害韭菜感官要求

品质要求	品种	同一品种
	整齐度	>80%
	韭薹	<50毫米
	枯梢	<2毫米
	整修	符合整修要求
	鲜嫩	符合鲜嫩要求
	异味	无
	冻害	无
	病虫害	无
	机械伤	无
	腐烂	无
规格	长	株长>300毫米
	中	株长200~300毫米
	短	株长<200毫米

续表 1

限　度	每批样品中感官要求总不合格品百分率不得超过 10%，其中枯梢不得超过 0.5%

注:腐烂、病虫害为主要缺陷

4.2 卫生

卫生要求应符合表 2 的规定。

表 2　无公害食品韭菜卫生指标

序号	农药名称	指标(毫克/千克)
1	六六六(BHC)	≤0.2
2	滴滴涕(DDT)	≤0.1
3	毒死蜱(chlorpyrifos)	≤ 1
4	马拉硫磷(malathion)	不得检出
5	敌敌畏(dichlorvos)	≤0.2
6	乐果(dimethoate)	≤1
7	乙酰甲胺磷(acephate)	≤0.2
8	辛硫磷(phoxim)	≤0.05
9	杀螟硫磷(fenitrothion)	≤0.5
10	喹硫磷(quinalphos)	≤0.2
11	敌百虫(trichlorfon)	≤0.1
12	氯氰菊酯(cypermethrin)	≤1
13	溴氰菊酯(deltamethrin)	≤0.5
14	氰戊菊酯(fenvalerate)	≤0.5
15	百菌清(chlorothalonil)	≤1
16	砷(以 As 计)	≤0.5
17	铅(以 Pb 计)	≤0.2
18	汞(以 Hg 计)	≤0.01

续表 2

序号	农药名称	指标(毫克/千克)
19	镉(以 Cd 计)	≤0.05
20	氟(以 F 计)	≤0.5
21	亚硝酸盐	≤4

注:1. 出口产品按进口国的要求检测

2. 根据《中华人民共和国农药管理条例》,剧毒和高毒农药不得在蔬菜生产中使用,不得检出

5 试验方法

5.1 感官要求的检测

5.1.1 品种特征、鲜嫩、整修、腐烂、枯梢、冻害、韭薹、病虫害及机械伤等,用目测法检测。异味用嗅的方法检测。

5.1.2 整齐度的检测:从 4~5 捆样品中随机取韭菜 200 株,用直尺测量最大株长,求出最大株长的平均值($\bar{X}$),按式(1)计算:

$$\bar{X} = (X_1 + X_2 + \cdots + X_n)/n \qquad (1)$$

式中:

$\bar{X}$——样品的平均值,单位为毫米(mm);

X_n——单根韭菜的最大株长,单位为毫米(mm);

n——所检测韭菜的株数,单位为根。

5.2 卫生要求的检测

5.2.1 六六六、滴滴涕、氯氰菊酯、溴氰菊酯、氰戊菊酯

按 GB/T 17332 规定执行。

5.2.2 乙酰甲胺磷

按 GB 14876 规定执行。

5.2.3 杀螟硫磷、乐果、马拉硫磷、敌百虫、喹硫磷、敌敌畏

按 GB/T 5009.20 规定执行。

5.2.4 毒死蜱

按 GB/T 17331 规定执行。

5.2.5 辛硫磷

按 GB 14875 规定执行。

5.2.6 百菌清

按 GB 14878 规定执行。

5.2.7 砷

按 GB/T 5009.11 规定执行。

5.2.8 铅

按 GB/T 5009.12 规定执行。

5.2.9 镉

按 GB/T 5009.15 规定执行。

5.2.10 汞

按 GB/T 5009.17 规定执行。

5.2.11 氟

按 GB/T 5009.18 规定执行。

5.2.12 亚硝酸盐

按 GB/T 15401 规定执行。

6 检验规则

6.1 检验分类

6.1.1 型式检验

型式检验是对产品进行全面考核,即对本标准规定的全部要求进行检验。有下列情形之一者应进行型式检验。

a)申请无公害食品标志或进行无公害食品年度抽查检验;

b)出口蔬菜、产品评优、国家质量监督机构或行业主管部门提出型式检验要求;

c)前后两次样检验结果差异较大;

d)因人为或自然因素使生产环境发生较大变化。

6.1.2 交收检验

每批产品交收前,生产单位要进行交收检验。交收检验内容包括感官、标志和包装。检验合格后并附合格证方可交收。

6.2 组批检验

同产地、同规格、同时收购的韭菜作为一个检验批次。批发市场同产地、同规格的韭菜作为一个检验批次。农贸市场和超市相同进货渠道的韭菜作为一个检验批次。

6.3 抽样方法

按照 GB/T 8855 中的有关规定执行。

报验单填写的项目应与实货相符,凡与实货不符,品种、规格混淆不清,包装容器严重损坏者,应由交货单位重新整理后再行抽样。

6.4 包装检验

应按第 8 项的规定进行。

6.5 判定规则

6.5.1 每批受检韭菜抽样检验时,对不符合感官要求的韭菜做各项记录。如果一根韭菜同时出现多种缺陷,选择一种主要的缺陷,按一个残次品计算。不合格品的百分率按式(2)计算,计算结果精确到小数点后一位。

$$X = n/N \qquad (2)$$

式中:

X——单项不合格百分率,单位为百分率(%);

n——单项不合格品的株数,单位为根;

N——检验样品的总株数,单位为根。

各单项不合格品百分率之和即为总不合格品百分率。

6.5.2 限度范围:每批受检样品,不合格率按其所检单位(如每箱、每袋)的平均值计算,其值不得超过所规定限度。

同一批次某件样品不合格品百分率超过规定的限度时,为避免不合格率变异幅度太大,规定如下:

规定限度总计不超过 10%,则任何包装不合格品百分率的上限不得超过15%。

6.5.3 卫生指标有一项不合格,该批次产品为不合格。

6.5.4 复验:该批次样本标志、包装、净含量不合格者,允许生产单位进行整改后申请复验一次。感官和卫生指标检测不合格不进行复验。

7 标志

7.1 包装上应明确标明无公害食品标志。

7.2 每一包装上应标明产品名称、产品的标准编号、商标、生产单位名称、详细地址、规格、净含量和包装日期等,标志上的字迹应清晰、完整、准确。

8 包装、运输、贮存

8.1 包装

8.1.1 韭菜的包装(箱、筐)要求大小一致、牢固,内壁及外表均平整,疏木箱缝宽适当、均匀。包装容器应保持干燥、清洁、无污染。塑料箱应符合相关标准的要求。

8.1.2 应按同品种、同规格分别包装。

8.1.3 每批报验的韭菜其包装规格、单位质量应一致。每件包装的净含量不得超过10 kg,误差不超过2%。

8.1.4 包装检验规则:逐件称量抽取的样品,每件的质量必须一致,不得低于包装外标志的质量。根据整齐度计算的结果,确定所抽取样品的规格,并检查与包装外所示的规格是否一致。

8.2 运输

8.2.1 韭菜收获后应就地修整,及时包装、运输。

8.2.2 运输时做到轻装、轻卸,严防机械损伤。运输工具要清洁、卫生、无污染、无杂物。短途运输中严防日晒、雨淋。长途运输中注意采取防冻保温或降温措施,不使产品质量受到影响。

8.3 贮存

8.3.1 临时贮存应在阴凉、通风、清洁、卫生的条件下,防日晒、雨淋、冻害及有毒有害物质的污染。堆码整齐，防止挤压等损伤。

8.3.2 短期贮存应按品种、规格分别堆码，货堆不得过大，保持通风散热，控制适宜温、湿度。

8.3.3 贮存库(窖)内菜体温度应保持(0±0.5)℃，空气相对湿度保持在85%～90%。

附录4　NY/T 5002—2001
无公害食品　韭菜生产技术规程

1　范围

本标准规定了无公害蔬菜韭菜的生产基地建设、栽培技术、肥水管理技术、有害生物防治技术以及采收要求。

本标准适用于全国无公害蔬菜韭菜的生产。

2　引用标准

下列文件中的条款通过本标准的引用而成为本标准的条款。凡是注日期的引用文件,其随后所有的修改单(不包括勘误的内容)或修订版均不适用于本部分,然而,鼓励根据本标准达成协议的各方研究是否可使用这些文件的最新版本。凡是不注日期的引用文件,其最新版本用于本标准。

GB 4285　农药安全使用标准

GB/T 16715.1～16715.5－1999 瓜菜作物种子

GB/T 8321(所有部分)　农药合理使用准则

NY 5010 无公害食品　蔬菜产地环境条件

3　术语和定义

下列术语和定义适用于本标准。

3.1　安全间隔期

最后一次施药至作物收获时允许的间隔天数。

3.2　棚室

由采光和保温维护结构组成,以塑料薄膜为透明覆盖材料,东西向延长,在寒冷季节主要依靠获取和蓄积太阳辐射能进行蔬菜生产的单栋温室和采用塑料薄膜覆盖的拱圆形棚,其骨架常用竹、木、钢材或复合材料建造而成。

3.3　春播苗

清明前播种的韭菜苗。

3.4 夏播苗

立夏前播种的韭菜苗。

3.5 秋播苗

立秋后播种的韭菜苗。

3.6 青韭

在见光条件下生产的外观为绿色的韭菜。

3.7 软化韭菜

通过培土或覆盖,使韭菜在不见光环境下生产的黄化韭菜。

3.8 跳根

韭菜新长出须根随分蘖有层次地上移,生根的位置也不断地上升,使新根逐渐接近地面的现象。

3.9 中等肥力土壤

含碱解氮(N)80～100mg/kg,有效磷(P_2O_5)60～80mg/kg,速效钾(K_2O)100～150mg/kg 的土壤。

3.10 高肥力土壤

碱解氮(N)在 100mg/kg 以上,有效磷在 80mg/kg 以上,速效钾在 180mg/kg 以上的土壤。

4 产地环境

无公害韭菜生产的产地环境质量应符合 NY 5010 的规定。

5 生产管理措施

5.1 前 茬

非葱韭类蔬菜。

5.2 播种时间

从土壤解冻到秋分可随时播种,但夏至到立秋之间,因天气炎热,雨水多,对幼苗生长不利,故播种可分为春播、夏播和秋播。

5.2.1 品种选择

选用抗病虫、抗寒、耐热、分株力强、外观和内在品质好的品种。日光温室秋冬连续生产应选用休眠期短的品种。

5.2.2　种子质量

符合 GB/T 16715.1～16715.5 中的二级以上要求。

5.2.3　用种量

每 667m^2 用种 4kg～6kg。

5.2.4　种子处理

可用干籽直播(春播为主),也可用 40℃温水浸种 12h,除去秕籽和杂质,将种子上的粘液洗净后催芽(夏、秋播为主)。

5.2.5　催芽

将浸好的种子用湿布包好放在 16℃～20℃的条件下催芽,每天用清水冲洗 1 次～2 次,60%种子露白尖即可播种。

5.2.6　整地施肥

5.2.6.1　苗床应选择旱能浇,涝能排的高燥地块,宜选用砂质土壤,土壤 pH 值在 7.5 以下,播前需耕翻土地,结合施肥,耕后细耙,整平做畦。

5.2.6.2　基肥品种以优质有机肥、常用化肥、复混肥等为主;在中等肥力条件下,结合整地每 667m^2 撒施优质有机肥(以优质腐熟猪厩肥为例)6 000kg,氮肥(N)2kg(例如尿素 6.6kg),磷肥(P_2O_5)6kg(例如过磷酸钙 60kg),钾肥(K_2O)6kg(例如硫酸钾 12kg),或使用按此折算的复混肥料,深翻入土。

5.2.7　播种

将沟(畦)普踩一遍,顺沟(畦)浇水,水渗后,将催芽种子混 2～3 倍沙子(或过筛炉灰)撒在沟、畦内每 667m^2 播种子 4kg～5kg,上覆过筛细土 1.6cm～2cm。播种后立即覆盖地膜或稻草,70%幼苗顶土时撤除床面覆盖物。

5.2.8　播后水肥管理

出苗前需 2d～3d 浇一水,保持土表湿润。从齐苗到苗高 16cm,7d 左右浇一小水,结合浇水每 667m^2 追施氮肥(N)3kg(例如尿素 6.6kg)。高湿雨季排水防涝。立秋后,结合浇水追肥 2 次,每次每 667m^2 追施氮肥(N)4kg(例如尿素 8.7kg)。定植前一般不收割,以促进壮苗养根。天气转凉,应停止浇水,封冻前浇一次冻水。

5.2.9 除草

出齐苗后及时拔草 2~3 次,或采用精喹禾灵、盖草能等除草剂防除单子叶杂草,或在播种后出苗前用 30%除草通乳油(100g~150g)667m^2,对水 50 升喷撒地表。

5.3 定植

5.3.1 土壤施肥要求

施用的肥料品种应符合国家有关标准规定,达到无害化卫生要求。

施肥原则是有机肥料和无机肥料配合施用。有机与无机之比不低于 1:1。

施肥量的取舍以土壤养分测定分析结果,蔬菜作物需肥规律和肥料效应为基础确定,最高无机氮素养分施用限量为 16kg/667m^2,中等肥力以上土壤,磷钾肥施用量以维持土壤平衡为准;在高肥力土壤,当季不施无机磷钾肥。收获前 20d 内不得追施无机氮肥。

5.3.2 定植时间

北方地区春播苗,应在夏至后定植;夏播苗,应在大暑前后定植,以躲过高温多雨的七、八月份;秋播苗,应在来年清明前后定植。定植时期要错开高温高湿季节,因此时不利于定植后韭菜缓苗生长。

5.3.3 定植方法

将韭苗起出,剪去须根先端,留 2cm~3cm,以促进新根发育。再将叶子先端剪去一段,以减少叶面蒸发,维持根系吸收与叶面蒸发的平衡。在畦内按行距 18cm~20cm、穴距 10cm,每穴栽苗 8 株~10 株,适于生产青韭;或按行距 30cm~36cm 开沟,沟深 16cm~20cm,穴距 16cm,每穴栽苗 20 株~30 株,适于生产软化韭菜,栽培深度以不埋住分蘖节为宜。

5.3.4 定植后管理

5.3.4.1 露地生长阶段管理

5.3.4.1.1 水分管理:定植后连浇两水,及时锄划2~3次蹲苗,此后土壤应保持见干见湿状态,进入雨季应及时排涝,当日最高气温下降到12℃以下时,减少浇水,保持土壤表面不干即可,土壤封冻前应浇足冻水。

5.3.4.1.2 施肥管理:施肥应根据长势、天气、土壤干湿度的情况,采取轻施、勤施的原则。苗高35cm以下,每667m^2施10%~20%腐熟粪肥500kg;苗高35cm以上,每667m^2施30%腐熟粪肥800kg,同时加施尿素5kg~10kg,或加施复合肥5kg,天气干旱应加大稀释倍数。

5.3.4.2 棚室生产阶段管理

北方地区栽培的韭菜,如以收获叶片为主,可在秋冬季扣膜,转入棚室生产;如要来年收获韭薹,则不应扣膜,因韭菜需经过低温阶段才能抽薹。

5.3.4.2.1 扣膜

扣膜前,将枯叶搂净,顺垄耙一遍,把表土划松。

a)休眠期长的品种,为了促进韭菜早完成休眠,保证新年上市,可以在温室南侧架起一道风障,造成温室地面寒冷的小气候,当地表封冻10cm时,撤掉风障扣上薄膜,加盖草苫。

b)休眠期短的品种,适宜在霜前覆盖塑料薄膜,加盖草苫。

5.3.4.2.2 温湿度管理

棚室密闭后,保持白天20℃~24℃,夜里12℃~14℃。株高10cm以上时,保持白天16℃~20℃,超过24℃放风降温排湿,相对湿度60%~70%,夜间8℃~12℃。

冬季中小拱棚栽培应加强保温,夜温保持在6℃以上,以缩短生长时间。

5.3.4.2.3 水肥管理

土壤封冻前浇一次水，扣膜后不浇水，以免降低地温，或湿度过大引起病害，当苗高 8cm ~ 10cm 时浇一水，结合浇水每 667m^2 追施氮肥(N)4kg(例如尿素 8.7kg)。

5.3.4.2.4 棚室后期管理

三刀收后，当韭菜长到 10cm 时，逐步加大放风量，撤掉棚膜。每公顷施腐熟圈肥 46 000kg ~ 60 000kg[(3 000kg ~ 4 000kg)/667m^2]、腐熟鸡粪(7 500kg ~ 15 000kg)/hm^2[(500kg ~ 1 000kg)/667m^2]。并顺韭菜沟培土 2cm ~ 3cm 高。苗壮的可在露地时收 1 刀 ~ 2 刀。苗弱的，为养根不再收割。

5.3.5 收割

定植当年着重“养根壮秧”，不收割，如有韭菜花及时摘除。

5.3.5.1 收割的季节

收割季节主要在春秋两季，夏季一般不收割，因品质差。韭菜适于晴天清晨收割，收割时刀口距地面 2cm ~ 4cm，以割口呈黄色为宜，割口应整齐一致。两次收割时间间隔应在 30d 左右。春播苗，可于扣膜后 40d ~ 60d 收割第一刀。夏播苗，可于翌年春天收割第一刀。在当地韭菜凋萎前 50d ~ 60d 停止收割。

5.3.5.2 收割后的管理

每次收割后，把韭茬挠一遍，周边土锄松，待 2d ~ 3d 后韭菜伤口愈合、新叶快出时进行浇水、追肥，每 667m^2 施腐熟粪肥 400kg，同时加施尿素 10kg、复合肥 10kg。从第二年开始，每年需进行一次培土，以解决韭菜跳根问题。

5.4 病虫害防治

主要病虫害：虫害以韭蛆、潜叶蝇、蓟马为主；病害以灰霉病、疫病、霜霉病等为主。

5.4.1 物理防治

糖酒液诱杀：按糖、醋、酒、水和 90% 敌百虫晶体 3∶3∶1∶10∶

0.6 比例配成溶液，每 667m² 放置 1 盆～3 盆，随时添加，保持不干，诱杀种蝇类害虫。

5.4.2　药剂防治

5.4.2.1　药剂使用的原则和要求

5.4.2.1.1　不应使用的农药品种，见附录 A

5.4.2.1.2　使用化学农药时，应执行 GB 4285 和 GB/T 8321，农药的混剂执行其中残留性最大的有效成分的安全间隔期（见附录 B）。

5.4.2.1.3　合理混用、轮换交替使用不同作用机制或具有负交互抗性的药剂，克服和推迟病虫害抗药性的产生和发展。

5.4.2.2　病害的防治

5.4.2.2.1　灰霉病

5.4.2.2.1.1　每667m²用 10%腐霉利烟剂 260g～300g，分散点燃，关闭棚室，熏蒸一夜。

5.4.2.2.1.2　用 6.5% 多菌·霉威粉尘剂，每 667m² 用药 1kg，7d 喷一次。晴天用 40%二甲嘧啶胺悬浮剂 1 200 倍液，或 65%硫菌·霉威可湿性粉剂 1 000 倍液，或 50%异菌脲可湿性粉剂 1 000～1 600 倍液喷雾，7d 一次，连喷 2 次。

5.4.2.2.2　疫病

5.4.2.2.2.1　用5%百菌清粉尘剂，每 667m² 用药 1kg，7d 喷一次。

5.4.2.2.2.2　发病初期用60%甲霜铜可湿性粉剂 600 倍液，或 72%霜霉威水剂 800 倍液，或 60%烯酰吗啉可湿性粉剂 2 000 倍液，或 72%霜脲·锰锌可湿性粉剂，或 60%琥·乙膦铝可湿性粉剂 600 倍液灌根或喷雾，10d 喷（灌）一次，交叉使用 2 次～3 次。

5.4.2.2.3　锈病

发病初期，用 16%三唑酮可湿性粉剂 1 600 倍液，隔 10d 喷一次，连喷 2 次。也可选用烯唑醇、三唑醇等。

5.4.2.3 害虫的防治

5.4.2.3.1 防治韭蛆

5.4.2.3.1.1 地面施药

成虫盛发期，顺垄撒施 2.5% 敌百虫粉剂，每 667m² 撒施 2kg～2.6kg，或在上午 9 时～11 时喷洒 40% 辛硫磷乳油 1 000 倍液，或 2.5% 溴氰菊酯乳油 2 000 倍液，及其他菊酯类农药如氯氰菊酯、氰戊菊酯、功夫、百树菊酯等，也可在浇足水促使害虫上行后喷 75% 灭蝇胺(6～10g)/667m²。

5.4.2.3.1.2 灌根

早春(3 月上中旬)和晚秋(9 月中下旬)进行药剂灌根防治，以下方法任选其一。

5.4.2.3.1.2.1 选用40.8% 毒死蜱乳油 600ml，或 1.1% 苦参碱粉剂 2kg～4kg，或 40% 辛硫磷乳油 1 000ml，或 20% 吡·辛乳油 1 000ml，或辛硫磷-毒死蜱合剂(1＋1)800ml，稀释成 100 倍液，去掉喷雾器喷头，对准韭菜根部灌药，然后浇水。

5.4.2.3.1.2.2 任选以上药剂其中之一，药剂用量加倍，随浇水滴药灌溉或喷施。

5.4.2.3.2 防治潜叶蝇

在产卵盛期至幼虫孵化初期，喷 75% 灭蝇胺 5 000～7 000 倍液，或 2.5% 溴氰菊酯、20% 氰戊菊酯或其他菊酯类农药 1 500～2 000 倍液。

5.4.2.3.3 防治蓟马

在幼虫发生盛期，喷 50% 辛硫磷 1 000 倍液，或 10% 吡虫啉 4 000 倍液，或 3% 啶虫脒 3 000 倍液，或 20% 丁硫克百威 2 000 倍液，或 2.5% 溴氰菊酯等菊酯类农药 1 500～2 500 倍液。

附　录　A

(规范性附录)

蔬菜上的禁用农药品种

甲拌磷(3911)、治螟磷(苏化203)、对硫磷(1605)、甲基对硫磷(甲基1605)、内吸磷(1059)、杀螟威、久效磷、磷胺、甲胺磷、异丙磷、三硫磷、氧化乐果、磷化锌、磷化铝、甲基硫环磷、甲基异柳磷、氰化物、克百威、氟乙酰胺、砒霜、杀虫脒、西力生、赛力散、溃疡净、氯化苦、五氯酚、二溴氯丙烷、401、六六六、滴滴涕、氯丹及其他高毒、高残留农药。

注:摘自1982年6月5日原农牧渔业部和卫生部颁发的《农药安全使用规定》

附 录 B

(规范性附录)

农药合理使用准则(韭菜常用药剂部分)

农药名称	剂 型	常用药量[克(毫升)次·667平方米]	最高用药量[克(毫升)次·667平方米]	施药方法	最多施药次数(每季作物)	安全间隔期(天)
辛硫磷	50%乳油	600	760	浇施灌根	2	≥10
敌百虫	90%固体	60	100	喷 雾	6	≥7
氯氰菊酯	10%乳油	20	30	喷 雾	3	≥6
					2	≥1
溴氰菊酯	2.6%乳油	20	40	喷 雾	3	≥2
甲氰菊酯(灭扫利)	20%乳油	26	60	喷 雾	3	≥3
三氟氯氰菊酯(功夫)	2.6%乳油	26	60	喷 雾	3	≥7
顺式氰戊菊酯(来福灵)	6%乳油	10	20	喷 雾	3	≥3
顺式氯氰菊酯	10%乳油	6	10	喷 雾	2	≥3
		6	10	喷 雾	3	≥3
毒死蜱(乐斯本)	40.7%乳油	60	76	喷 雾	3	≥7
甲霜灵锰锌	68%可湿性粉剂	76	120	喷 雾	3	≥1
速克灵(腐霉利)	60%可湿性粉剂	40	60	喷 雾	1	≥1
粉锈宁(三唑酮)	20%可湿性粉剂	30	60	喷 雾	2	≥3
	16%可湿性粉剂	60	100	喷 雾	2	≥3

注:摘自 GB 4286 和 GB/T 8321

附　录　C

(规范性附录)

有机肥卫生标准

项　　目		卫生标准及要求
高温堆肥	堆肥温度	最高堆温达60℃~66℃,持续6~7天
	蛔虫卵死亡率	96%~100%
	粪大肠菌值	10^{-1}~10^{-2}
	苍　蝇	有效地控制苍蝇孳生,堆肥周围没有活蛆、蛹或新羽化的成蝇
沼气发酵肥	密封贮存期	30天以上
	高温沼气发酵温度	(63℃±2℃)持续2天
	寄生虫卵沉降率	96%以上
	血吸虫卵和钩虫卵	在使用的粪液中不得检出活的血吸虫卵和钩虫卵
	粪大肠菌值	普通沼气发酵10^{-4},高温沼气发酵10^{-1}~10^{-2}
	蚊子苍蝇	有效控制蚊蝇孳生 粪液中无孑孓。池周围无活蛆、蛹或新羽化的成蝇
	沼气池残液	经无公害化处理后方可用作农肥

附 录 D
（资料性附录）
韭菜常见病虫害及有利发生条件

病虫害名称	病原或害虫类别	传播途径	有利发生条件
灰霉病	真菌：葱鳞葡萄孢菌	灌溉、农事操作	气温 16℃～30℃，相对湿度 85%以上
疫　病	真菌：韭菜疫霉菌	土壤病残体、风雨	高湿，气温 26℃～32℃
锈　病	真菌：葱柄锈菌	气流	天气温暖湿度高、露多雾大或种植过密、氮肥过多、钾肥不足
韭　蛆	双翅目，蕈蚊科	成虫短距离迁飞	温暖潮湿

套设施 6.50元

南方蔬菜反季节栽培设施与建造 6.00元

保护地设施类型与建造 9.00元

两膜一苫拱棚种菜新技术 9.50元

保护地蔬菜病虫害防治 11.50元

保护地蔬菜生产经营 16.00元

保护地蔬菜高效栽培模式 9.00元

保护地甜瓜种植难题破解100法 8.00元

保护地冬瓜瓠瓜种植难题破解100法 8.00元

保护地害虫天敌的生产与应用 6.50元

保护地西葫芦南瓜种植难题破解100法 8.00元

保护地辣椒种植难题破解100法 8.00元

保护地苦瓜丝瓜种植难题破解100法 10.00元

蔬菜害虫生物防治 12.00元

蔬菜病虫害诊断与防治图解口诀 14.00元

新编蔬菜病虫害防治手册(第二版) 11.00元

蔬菜优质高产栽培技术120问 6.00元

商品蔬菜高效生产巧安排 4.00元

果蔬贮藏保鲜技术 4.50元

青花菜优质高产栽培技术 8.50元

大白菜高产栽培(修订版) 3.50元

南方白菜类蔬菜反季节栽培 6.00元

怎样提高大白菜种植效益 7.00元

白菜甘蓝病虫害及防治原色图册 16.00元

紫苏菠菜大白菜出口标准与生产技术 11.50元

萝卜标准化生产技术 7.00元

萝卜高产栽培(第二次修订版) 5.50元

牛蒡萝卜胡萝卜出口标准与生产技术 7.00元

萝卜胡萝卜无公害高效栽培 7.00元

根菜叶菜薯芋类蔬菜施肥技术 5.50元

南方瓜类蔬菜反季节栽培 8.50元

以上图书由全国各地新华书店经销。凡向本社邮购图书或音像制品，可通过邮局汇款，在汇单“附言”栏填写所购书目，邮购图书均可享受9折优惠。购书30元(按打折后实款计算)以上的免收邮挂费，购书不足30元的按邮局资费标准收取3元挂号费，邮寄费由我社承担。邮购地址：北京市丰台区晓月中路29号，邮政编码：100072，联系人：金友，电话：(010) 83210681、83210682、83219215、83219217(传真)。